長崎ペンギン物語

白井和夫

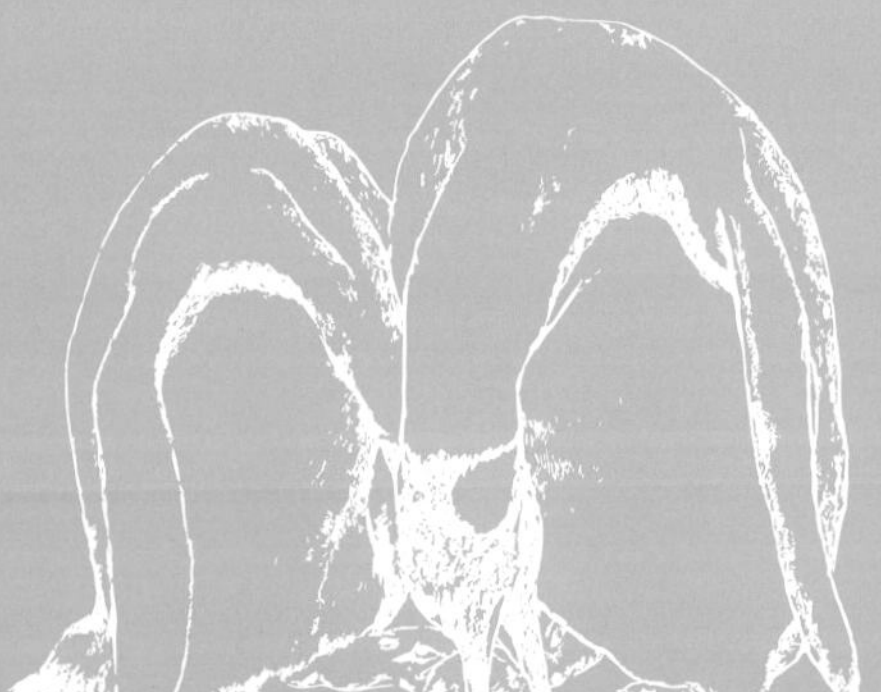

長崎文献社

〈発刊に寄せて〉

60年の熱きペンギン物語

一般財団法人　長崎ロープウェイ・水族館
理事長　池田　尚己

昭和34年（1959）2月、遠く南氷洋から捕鯨船によって運ばれてきたヒゲペンギン4羽が、同年8月5日に長崎にやってきたことから、長崎のペンギン物語が始まりました。

今日まで、長崎のペンギンたちは老若男女を問わず多くの市民や観光客に親しまれ愛されてきました。

くしくも今年（2019年）は、ペンギンが来崎して60年という大きな節目の年を迎えます。

白井和夫氏は、「長崎ペンギン水族館」の前身である「長崎水族館」の館長として活躍され、ペンギン飼育24年の経歴をお持ちです。長崎水族館での飼育経験をもとに『ペギーちゃん誕生』（昭和51年刊）、『長崎水族館とペンギンたち』（平成18年刊）などの本を出版するなど、ペンギン飼育の第一人者といってもよい方です。

「長崎水族館」は、昭和34年4月1日に、戦災復興のための国際文化センター事業の一環としてオープンしました。水産県長崎を象徴する総合レジャー施設として、当時は東洋一の水族館と言われるほどの規模を誇り、閉館する平成10年（1998）までの39年間、市民や観光客の学びやレクリエーションの場として大きな役割を果たしました。

本書には、当時の飼育担当者の方たちのペンギンの飼育・繁殖に奮闘する姿や、ペンギンに温かい愛情を注ぐようすが、目に浮かぶように全編にちりばめられています。また、全国でも注目された「長崎方式」といわれる飼育法などについて、ストーリー仕立てで分かりやすく説明されるなど、ペンギン飼育の専門書としても細やかな飼育観察に裏付けされた価値の高い内容となっています。

ぜひ多くの皆さまにお読みいただき、長崎とペンギンの関わり、ペンギンへの関心と理解を深めていただければ幸いです。

お陰をもちまして、平成13年（2001）に開館した「長崎ペンギン水族館」は、現在ペンギン飼育数173羽、世界一である9種の飼育種を誇る「ペンギン王国」になりました。

これまでの飼育員の皆さんのペンギンたちへの深い愛情や想いをしっかり引き継ぎ、これからも、ペンギンの聖地である「長崎ペンギン水族館」が多くの人たちに夢と感動を与える施設であり続けられるよう、職員一丸になって精進していきたいと思っています。

はじめに

それまでペンギンという鳥は長崎の地を踏んだことはなく、筆者も書籍や映像のなかで知る生きものでした。長崎水族館に就職してペンギンの飼育担当者となった筆者は、やがてペンギンが南氷洋より暖国長崎の地へ渡来して安住し、繁殖を重ね多種のペンギンも揃ってペンギン王国といわれるまでの変遷を体験することになりました。

昭和34年（1959）2月、南氷洋から持ち帰られた極地ペンギンは4日間船内で介護されながら、大阪から瀬戸内海を下関まで航海し、そこで私がペンギンを受領しました。ペンギンの世話をしていた乗組員さんから「いつまでもペンギンを大事に育てて下さい」といわれた言葉は、長い間心に染みついて、そのあとペンギン飼育の原点となりました。

同年4月に長崎水族館がオープンし、8月にペンギン室が完成しました。ペンギンはそれまで飼育を預託されていた下関市立下関水族館から、盛夏のなか長崎まで運ばれ、初めてお目見えしました。

比較的に飼育が容易な温帯ペンギンの飼育経験もないまま、いきなり高度な飼育経験を要する極地ペンギンの飼育から始めることになりました。大変な苦労がありましたが、先進園館の素晴らしい業績を見様見真似して、手探りの飼育を始めました。
昭和38年（1963）からは、寒冷季にペンギンを室内ペンギン室から屋外の飼育池まで毎朝歩かせ、昼間はそこで飼育し、夕方室内ペンギンへ戻しました。このような「長崎方式」による飼育法の効果があったのか、昭和40年（1965）にはわが国で初めてオウサマペンギンの繁殖に成功しました。そのあとも44年（1969）までに3羽が誕生し、大型ペンギンを室内で繁殖させたことは世の注目を浴びました。

3種の極地ペンギンが長い期間同時に飼育され、そのうち最も大型種のコウテイペンギンの飼育は昭和52年（1977）以降は国内で長崎のフジのみとなり、その期間は15年の長きに及びました。またオウサマペンギン6羽は揃って国内最長飼育記録を樹立しました。なかでもぎん吉の飼育期間は39年9ヵ月に及び、全種ペンギンを通じて世界一となりました。このようなペンギンの長期飼育のほかにも、国内で最多種のペンギンの繁殖も見ました。

本書では、ペンギンの生活を少しでも知っていただくため随所にものしり帖的な記載をし、またペンギンを身近に感じ親しんでいただくためエピソードを折りこみ、多数の写真を掲載しました。記事の裏付けとして図表と数表も付記しました

拙書はペンギンの飼育実録であり、読者の皆さんに、ペンギンの抱卵中の両親の絆のかたさや、抱すう、育すう中の両親の心づかいと愛情の深さを知っていただき、動物愛護思想の普及の一助として役立ててくだされば幸です。

長崎ペンギン物語

目次

目次

第四章　ぺぺちゃん誕生

第五章　懐かしき友よ

第六章　ペンギンの楽園めざして

装丁デザイン：山本 志保

第一章

初めての珍客

なぜ長崎にペンギンが？

長崎水族館ができた

わが国でペンギンの飼育がはじまったのは、いまから約１００年も前で、上野動物園に２羽のフンボルトペンギンが入園した大正４年（１９１５）のことです。小沢磯吉さんという人がチリのイキケから取り寄せ寄贈したものです。

外国でのペンギンの飼育はさらに古く、１８７０年代にロンドン動物園でケープペンギンの飼育がはじまっていたのです。

昭和初期には昭和７年（１９３２）にマゼランペンギンが上野動物園に入園し、同園には昭和９年（１９３４）以前にもケープペンギンが入園し、昭和９年（１９３４）までに日本ではフンボルトペンギン属４種のうち、３種のペンギンが飼育されました。昭和20年（１９４５）１月に上野動物園で最後のフンボルトペンギンが息を引き取りました。終戦のときはすでにペンギンは皆無だったと思われます。

昭和21年（１９４６）８月に戦後の食糧難解消のため、GHQより南氷洋捕鯨の再開が許可され、南氷洋への出漁が決まりました。漁期に間に合うためには、３カ月後の同年11月には捕鯨船団は出航せねばなりませんでした。

長崎では三菱長崎造船所で、建造中止中の油槽船を利用して捕鯨母船に改装し、発注した大洋漁業が船名を第1日新丸（のちに錦城丸と改名）と改名しました。一方、大阪では被爆して繋留中の船を活用して改装し、日本水産が捕鯨母船に仕立てました。

長崎港では11月18日に大洋漁業の日新丸船団が、横須賀港からは11月15日に日本水産の橋立丸船団が、全国民の期待と希望を乗せて、戦後初めてはるばる南氷洋に向けて華々しく出航し、現地には12月初旬に無事に到着しました。

「23日には三菱長崎造船所の職労、会社一体となって、早朝より市内に豪華な鯨まつりの絵巻を展開して、市民と共に祝った」と地元紙は報じています。

「なぜ、寒い地域に住むペンギンが遠く離れた暖かい気候の長崎で飼育されているの……」という質問をよく受けます。

はるばる南氷洋から長崎に渡来した極地ペンギンは、すべて大洋漁業の捕鯨船団に所属する船舶によってもたらされたからです、と答えれば、そのナゾ解きのひとつになるかも知れません。長崎水族館を経営する会社が大洋漁業株式会社と関係があったので優先して入手できたのです。

昭和34年（1959）、長崎水族館は長崎国際文化センター建設事業の一環として最初に竣工した施設です。長崎国際文化センター建設事業の経緯については、長崎市役所発行の「市制百年長崎年表」によりますと、次の通りです。

《昭和29年3月　佐藤副知事、田川市長、中部会頭の3氏が発起人となり、長崎国際文化センター建設計画を作成。

昭和34年（1959）に竣工。早稲田大学教授武基雄氏設計

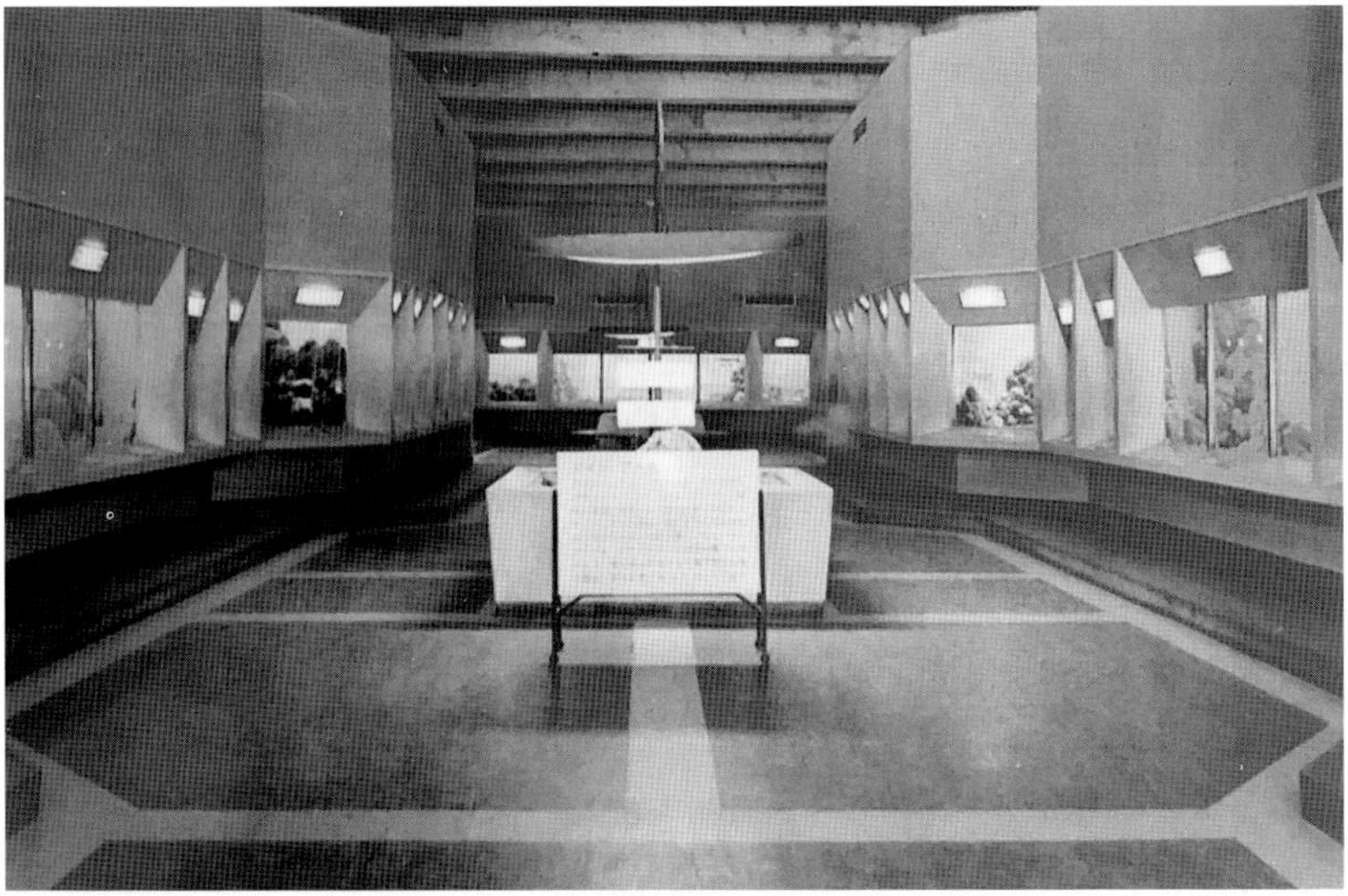
内部も新感覚のデザインに満ちて

30年1月　長崎国際文化センター建設準備委員会発足。
30年6月　長崎国際文化センター建設委員会創立総会開催。
33年3月　長崎観光開発（株）創立。長崎の観光資源開発のため、水族館建設、稲佐山ロープウエイ架設事業を計画。
34年3月31日、長崎水族館が国際文化センター事業の一環として長崎市宿町に完成し落成式を挙行。（鉄筋コンクリート3階建て、総工費1億3，600万円）4月1日、開館》

長崎水族館
企画：長崎国際文化センター建設委員会
建築主：長崎観光開発株式会社
設計者：早稲田大学建築学科武基雄《たけもとお》研究室（武基雄教授は長崎市出身）
施工者：大長崎建設株式会社
4月1日は長崎市制施行70周年の記念日でもありました。

寒い国の紳士たち

進化と分布と動物学の基礎知識

ペンギンという名は、もとは北半球に生息していた飛べない海鳥のオオウミガラスに対しての名でした。しかし、乱獲により１８４４年にこの世から消滅しました。その名は後に発見された、この海鳥に姿の似た南半球に生息する今のペンギン類に当てはめられたのです。

ペンギンの種類は18種といわれ、すべて南極に近い寒い地域に住むものと思いがちですが、そうではなく、南極大陸から赤道直下の島まで広く分布しています。

南極大陸では5種のペンギンが繁殖しますが、南極大陸のみで繁殖するのはコウテイペンギンとアデリーペンギンの2種のみです。

ペンギンは南極大陸から発生する三大寒流の冷たい海流に乗って北上していき、それぞれの根づいた場所で、その環境に適応し進化していきました。

オオウミガラスのはく製
青柳昌宏著「ペンギンの不思議な生活」より

フンボルト海流（ペルー海流）はフンボルトペンギン属の仲間を、チリ、ペルー沿岸からガラパゴス諸島まで運び、ガラパゴスペンギンに分化させ、ペンギンの繁殖地の北限となりました。諸島付近にはクロムウェル海流による水温の低い海域があります。

さらに、その一部は大西洋を東へ進み、ベンゲラ海流によってアフリカ南部沿岸にたどりつき、ケープペンギンとなりました。また、オーストラリア海域には西オーストラリア海流が流れています。スコシア海流は南大西洋、インド洋へ北上しています。

南緯50度から60度付近では、南極大陸から流れ出る冷たい栄養豊かな海水が、北から来る温かい海水の下に流れ込んでいく海域をつなぐ潮境をつくっています。これを「南極前線」といい、南極前線と南極大陸との間の海域を「南極海」といいます。この海域は以前は「南氷洋」と呼ばれ、過去に商業捕鯨がおこなわれたところです。戦後鯨肉が食卓によく上がった時代に育った筆者は本書では馴染みの「南氷洋」という文字を使用しました。

また、南緯50度から60度付近では、南極大陸とその周辺を西から東に向かって、偏西風によって誕生した偏西風流が流れています。そのため南緯45度から60度にかけて散在する島々には、ペンギンの種類がたくさん見られます。同じ緯度では海流に乗って、ペンギンの移動は南北より東西の方が容易でした。

地球上でもっとも多くの種類のペンギンが生息する地域はニュージーランド海域で、10種のペンギンが生息しています。この海域はペンギンの化石が多く見つかる場所でもあり、いわばペンギンの故郷です。ペンギンの化石の発見地は、現生ペンギンの生息地とまったく重複しています。現生種は6属ですが　今までに17の絶滅属が知られています。現生種との骨格の計測結果の比較により、17種の化石種の体重は3キロから81キロと推定されています。

ペンギンは空を飛んでいた

ペンギンはかつて空を飛んでいた種から進化したといわれています。その証拠に竜骨のよく発達した胸骨と力強い飛筋（スジ）を持ち、飛ぶために体を軽くするための「気のう」があることです。飛ぶ鳥は体を軽くするため、骨の中身は中空ですが、ペンギンの骨は中身が詰まっていて、水中で体が浮かばないようになっています。

ペンギンが飛ばなくなったのは、餌がすべて海中にあり、自分を襲う外敵が少ないからです。海中にはシャチやアザラシがいますが、何とか逃げることができるので、ペンギンは水中生活にもっとも適した鳥となりました。

体形は流線形で翼は水の抵抗を少なくするために小さくて、オールのように固くなり、水泳中のみずかきの役目をして泳ぐのに適し、両翼を魚のひれのように動かして、素早く泳ぎ回ることができます。みずかき足は舵の役目をして、水中でのスピードは最も早い人の4倍に達し、深く潜水もできます。

ペンギンのからだは冷たい海で暮らし易いような仕組みになっています。からだは温かい羽毛に包まれ、羽毛の下には厚い綿毛の層があり、からだには厚い脂肪層があります。ペンギンの腹面は白く、背面が黒いのは、水につかった場合、白黒の境界線が水面とだいたい合致して迷彩となり、光のせいで空からの外敵や水中を泳ぐ外敵に見つかり難くなっています。

ペンギンは海鳥で「鳥綱」に分類され18種

ペンギンは動物分類学上鳥綱に属し、食物の一部でも海にたよっている鳥類を総称して海鳥といいます。そのうちペンギンは1目、1科、6属、18種をしめています。

18種といわれるペンギン科のリストと、水族館で飼育しているペンギンの種類を列記します。

ペンギン目

ペンギン科

エンペラーペンギン属

■★エンペラーペンギン（コウテイペンギン）

①⦿キングペンギン（オウサマペンギン）

アデリーペンギン属

■★アデリーペンギン

■★ヒゲペンギン

②⦿ジェンツーペンギン

キガシラペンギン属

◎キガシラペンギン

コガタペンギン属

★コガタペンギン
マカロニペンギン属
③⦿マカロニペンギン
◎ロイヤルペンギン
④⦿ミナミイワトビペンギン
★キタイワトビペンギン
◆フィヨルドランドペンギン
◆シュレーターペンギン
◎スネアーズペンギン
フンボルトペンギン属
⑤⦿フンボルトペンギン
⑥⦿マゼランペンギン
⑦⦿ケープペンギン
◆ガラパゴスペンギン

⦿長崎水族館が閉館したとき飼育中のペンギン（7種）数字で示す
★長崎水族館が閉館したとき国内の他の動物園や水族館で飼育中のペンギン（5種）
◆国内の園館で過去に飼育したペンギン（3種）
◎国内の園館で未飼育のペンギン（3種）

計18種

■長崎水族館で過去に飼育したペンギン（3種）
（備考）新水族館へ入館したもの
①コガタペンギンが平成17年4月に長崎ペンギン水族館へ入館
②ヒゲペンギンが平成27年3月に長崎ペンギン水族館へ再び入館

ペンギンについての基礎知識一口メモ

・ペンギンとはラテン語の「ピングィス」という言葉がもとになっています。「太っている」で、「脂肪」を意味するものです。
・立ち姿が人間の姿に似たところから、以前は「人鳥」といわれたこともあります。
・むかし航海中に、はじめてペンギンを見たヨーロッパの人は、「ガチョウくらいの大きさで、ロバのように鳴き、飛ぶことはできない」と説明していました。
・むかしは、アヒルやガチョウの仲間だと言われたこともあったようです。
・ペンギンが最初に発見されたのは１７４７年にケープペンギンで、発見地はアフリカ最南端の喜望峰でした。最も近く発見されたのは１９５３年にスネアーズペンギンで発見地はスネアーズ諸島でした。
・１７７８年に大型のペンギンがサウス・ジョージア島で発見されて、オウサマペンギンという名がつけられました。１８４４年にさらに大型のペンギンが南極で発見され、こちらにはコウテイペンギンと名がつきました。

ペンギンの名前の由来はつぎの通りです。

・主に生息する地域や人名に由来して名づけられたペンギンはつぎの通りです。

スネアーズペンギン　唯一の繁殖地の島の地名

アデリーペンギン　発見された南極の地名（発見者の婦人の名前）

フンボルトペンギン　フンボルト海流に沿って分布（ドイツの自然科学者の名前）

マゼランペンギン　南米南端のマゼラン海峡に沿って分布（ポルトガル生まれの探検家の名前）

ケープペンギン　アフリカ最南端のケープタウン付近に生息

ガラパゴスペンギン　赤道直下のガラパゴス諸島に生息

シュレーターペンギン　発見者のイギリスの鳥類学者シュレーターの名前

フィヨルドランドペンギン　ニュージーランド南島の南西部のフィヨルドランドのみに生息

・容姿や行動に由来して名づけられたペンギンはつぎの通りです。

コウテイペンギン　ペンギン中で最大種

オウサマペンギン　それに次ぐ大型種

コガタペンギン　ペンギン中で最小種

ヒゲペンギン　喉から後頭部にかけてひものような模様あり

キガシラペンギン　上頭部に黄色の模様あり

ジェンツーペンギン　フォークランド諸島で白いターバンの模様から連想したという

ミナミイワトビペンギン　説あり
キタイワトビペンギン　岩場をとびはねて歩く
ロイヤルペンギン　岩場をとびはねて歩く
　この属では唯一、顔が白く優雅なところ
マカロニペンギン　伊達者の意味、英国のクラブではやったマカロニ風の髪形に
　似る

ペンギン、海を行く

下関水族館に研修にいき、初めてペンギンに会う

筆者ら3名が長崎水族館に就職したのは昭和34年（1959）の正月早々でした。いよいよ4月の開館を目前に控え水族館の建設も急ピッチで進行中で、魚類はじめ水生生物類の収集の仕事も急を要するため2名はその担当者として、筆者は近日に予定されたペンギンの入館に備え、ペンギンの飼育管理法の習得のため、下関市立下関水族館で長期研修を受けることになりました。

初めて研修を受けるためペンギン室に隣接する予備室に入り、所定の服装に着替えペンギン室に入り、今まで図鑑でしか見たことのない実物のペンギンを初めて目の前にして、これからペンギンと長い付き合いになるのかと思い感慨無量でした。

ヒゲペンギンを乗せて瀬戸内海を航行中の船上の筆者（中央）

いずれのペンギンも係員の姿を見て、足早に近寄りましたが、私のほうには全然寄りつきませんでした。私が申し訳なさそうな顔をしますと、係員は「ペンギンは人懐っこいですから、心配はいりません。飼育は愛情が第一です。そのうちに寄ってきますよ」と、言葉をかけてくれました。朝の仕事始めと給餌の前と後には床の掃除は欠かせません。掃除をしながらペンギンの排便の状態を観察して健康状態を把握し、給餌量の適否や病鳥が居ないかを判断します。閉館後の夜間の休息場所や行動範囲も知ることができるのです。

1週間を過ぎたころからペンギンも慣れてくれて、ひとまず安堵しました。餌の調理法や病気の治療法を研修し、動物の飼育には愛情がもっとも大切なことを会得することができました。

研修もやがて終わりに近づいたころ、南氷

洋捕鯨関係の船舶が、2月初旬にヒゲペンギンを乗せて大阪港に帰港するという報せをうけました。かねて長崎水族館を経営する会社から大洋漁業株式会社へ、長崎にもペンギンの寄贈をお願いしてあり、到着したペンギンは下関と長崎で折半することになっていたそうです。

南氷洋からきたペンギンをうけとりにいく

2月2日夕刻、下関のベテランの係員に付き添うことになり、治療器具や白衣、マスク、帽子、長靴など七つ道具をボストンバックに詰め込み、大阪行きの急行に乗車し、翌朝駅に着きました。さっそく薬問屋が並んだ道修町中をまわり、やっと高価な1本の薬を手に入れました。ペンギン治療用の特別な薬を探していたのです。

2月3日、大阪市内の安治川埠頭へかけつけますと、付近の四つ角では「祝　南氷洋鯨肉　初入荷」と書かれた横断幕が目につき、第1船の帰港を景気づけていました。

探鯨船「第36大洋丸」が役目を終えて鯨肉運搬船となり、捕鯨船団より一足先に初荷を積んで帰国したのです。

船が接岸してからすぐ乗船して、ペンギンが飼育された冷房のきいた小部屋で、南氷洋からはるばるやってきたペンギンと初対面し、感激一入でした。早速「飼育課長」と愛称される乗組員から、船内でのペンギンの飼育管理、特に給餌法について指導をうけました。餌は別室にうなるほどある鯨肉を、たっぷり与えていたそうです。そのため、消化不良をおこしているペンギンも多数いました。早速病気している数羽には、買い求めてきた薬を使って治療を行いました。

南半球の暴風圏の荒々しさを「吼える四十度、狂える五十度、号泣の六十度」と表現されていますが、怒涛が続き、さすがの乗組員も食事が喉も通らない日でも、ペンギンへの食事だけは毎回欠かさなかったそうです。「ペンギンは船酔いしないのですか」という質問には筆者らも答えられませんでした。

長時間かけて鯨肉の荷降しも終わり、船が着岸してから3日目の早朝、船は一路下関へ向けて瀬戸内海をかなり遅い速度で航行しました。船が下関に着くまでの間も長時間寒い部屋でペンギンと過ごし、定刻の給餌と体調不良の病鳥の治療と看護と介護に努めました。あまりの寒さに幾度も風邪をひきそうになりました。あらゆる困難を乗り越えて、立派に国内まで送り届けてくださった幾多の人々の善意に報いるためには、是非とも末長く飼育して、多くの来館者にお目にかけねばならない責務のあることを痛切に感じました。

船は4日目の2月6日の午前8時30分にやっと下関漁港へ帰港しました。岸壁では下関市や大洋漁業の関係者が歓迎式の準備も終えて待っていました。船はその時刻に合わせて航行していたのです。帰港式とペンギンの贈呈式も終わり、ペンギンたちはモールで美しく飾られた冷蔵車に移され、宣伝車を先頭に賑やかに市中をパレードしたあと、やっと下関水族館へ到着し、長旅の旅装を解きました。

到着したヒゲペンギンのその後の健康状態は次の通りです。

2月6日　到着して間もなく正午に1羽が死亡。
2月11日　船中で1羽当たり1・5キロ与えていた鯨肉は0・9キロに減量。
2月12日　病鳥1羽死亡。体重2・3キロ。解剖の結果は予想どおりカビ症（後述）。
2月16日　病気中の最後の1羽死亡。体重2・4キロ。

長崎水族館の開館もいよいよ近づき、私にも魚類を収集する新たな任務が課せられ、急きょ長崎へ戻ることになりました。後ろ髪を引かれる思いでしたが、また逢う日まで皆はつつがなく過ごしてくれよと無事を祈り、ペンギンとの再会を約束しました。下関水族館の皆様には長い間のお世話に感謝し、ヒゲペンギンの今後の飼育をお願いし、2月18日、下関を後にしました。

ヒゲとの再会

輸送容器の製作と運搬方法で苦心する

長崎水族館では開館したあと、第二期工事として独立したペンギン館とイルカ館を造る構想がありました。ペンギンのお目見えの話は開館を目前にしてのことであり、ペンギンを飼育する部屋の確保はなく、急きょ倉庫に当てられていた場所を改装して屋内ペンギン室を造ることになりました。昭和34年（1959）8月初めに出来上ったペンギン室の広さは56平方メートルで冷風循環方式を採用し、ダクト内に殺菌灯をつけるなど、当時としては最新の設備を整えていました。

それまで、ヒゲペンギンは下関市立下関水族館で預かっていただき、飼育をお願いしてありましたので、ペンギン室の完成を待って、早速下関から長崎までペンギンを運ぶことになりました。真夏の長距離輸送であり初めての経験でもあり、慎重な輸送方法が話し合われました。

試行錯誤の末、ペンギンの輸送用に独自のブリキ製の冷蔵運搬具を作製しました。運搬具は外壁と内壁の二重構造にして、外気の影響を少なくしました。内部は上下2層に分け、上層の天井に開けた5ヵ所の穴から12キロほどの大きめに割った氷を入れ、冷えた空気は下層のペンギンの収容部へ下りる仕組みのものです。

4羽のヒゲペンギンが初めて入館した

運搬具にはブリキ製の蓋をかぶせ、胴部の表側にはペンギンを出し入れする片開きの扉を取り付けました。テストの結果は上々で、40分ほどたつと缶内の温度は摂氏10度まで下がり、10時間ほどはその室温を保持できることが分かりました。
つぎは、輸送手段です。極地ペンギンの飼育は室温が摂氏5～6度が適当だと言われた時代のことです。まず冷蔵鮮魚運搬車の利用です。しかし急ブレーキをかけたとき、ペンギンが足を傷めたら困るということでお流れ。つぎは列車輸送法です。特急さくらが下関に1分間だけ停車することに目をつけ国鉄にペンギン輸送の特殊性を話して協力をお願いし、やっとOKをいただきました。しかしペンギンは輸送容器に入れるよう指示があり、前述の冷蔵缶を作ったのです。

運搬具も出来上がり、運搬リハーサルのため長崎駅の操車区に入ってきた「さくら」に乗り込ませる際に、どうしても乗車口から缶が入らないのです。発注者か製作者のどちらかが寸法を計り間違えたのでしょうが、この方法もお流れ。最後の手段は冷房付きの乗用車による運搬です。そのような車は当時まだ一般には普及していなかったのです。三拝九拝のすえやっと口説き落とし、貸し切ることができました。

8月5日、労作の冷蔵缶を乗せ、夏だというのに館長と筆者の2人は防寒用のマフラーやオーバーまで乗せて、下関へ向けて出発しました。下関ではペンギンたちと久方ぶりに対面しました。館長さんはじめ皆さんに今までのご協力に深謝したあと、皆さんに見送られて一路ヒゲペンギン4羽は長崎へ向かいました。

真夏にオーバー、マフラーで長崎まで

車内の温度はぐんぐん下がったので、真夏というのに2人は用意してきたオーバーを着込んだうえ、マフラーまで巻いて寒さを防ぎました。真夏の我慢比べのような見慣れない姿を見た通行人は、不思議そうな様子で振り返って眺めていました。長時間冷房のかけ過ぎで冷房不能になると、途中で何回も停車しながら、苦労の末やっと長崎へたどり着きました。

いまはペンギンもすっかり気温に順応して飼育技術も向上し、やや高い気温下でも飼育が可能

になりましたので、当時の切羽詰まった涙ぐましい努力も、オーバーでユーモラスなものに映り、滑稽なお笑い草の種になってしまったようです。

ヒゲペンギンの入館について、報道各社の新聞記事の見出しは次の通りです。

昭和34年

・8月4日　長崎新聞　ペンギン館9日店開き　近く4羽お嫁入り　模様がえした長崎水族館
・8月10日　朝日新聞　ペンギン4羽ご入来　南極みやげ　長崎水族館　ヒゲペンギン
・8月12日　毎日新聞　ペンギンお目見得　長崎水族館

この時代には国内のペンギン飼育の先進園館では、すでに病気対策も軌道にのり、飼育技術も一段と向上していました。飼育1年生の長崎の係員たちは魚類専攻の集団であり専任の獣医師もいないし、また、比較的に飼育が容易なフンボルトペンギンの飼育経験もないのに、いきなり高度の飼育技術を必要とする極地ペンギンの飼育から始めたという特殊な事情もあり、どうしてもこのような過保護な対策をとらざるを得なかったのです。

ペンギン日本各地にお目見え

上野動物園が先端的飼育法を開発

ここで戦後にわが国へ渡来したペンギンを紹介します。戦後はじめて渡来したペンギンとして、昭和22年（1947）に、神戸の諏訪山動物園（のちの王子動物園）にヒゲペンギン1羽が入園しました。26年（1951）には大阪の天王寺動物園にマカロニペンギンが入園し、同年には上野動物園にヒゲペンギンが入園しました。

27年（1952）には上野にアデリーペンギンが入りました。同年にはジェンツーペンギンが入園しました。また同年にはフンボルトペンギンが上野に戦後初めて入園し、28年には名古屋の東山動植物園で戦後初めて繁殖しました。

昭和29年（1954）に、上野に捕鯨母船「日新丸」より日本初の2羽のコウテイペンギンが寄贈され、同園は急きょアヒル池のそばに小屋を据えつけ冷房してペンギン舎としました。

鳥類のペンギンにも「気のう」という器官があり、そこは空気のたまり場となって、青カビの一種が繁殖してアスペルギルス症（カビ症）を発症して死に至ることが多かったのです。上野では独自に開発したオーレオスライシン・アルコール溶液の蒸気吸入法で、入園したコウテイペンギンの〝メリー〟に治療をおこない、一夏を過ごさせることができました。その成果はおもな世界の動物園に報告され、高い評価を受けました。国内の動物園や水族館でもこの方法を採用して飼育期間を延ばせるようになりました。30年にもコウテイペンギン3羽が入園しましたので、同

（上）極地ペンギン4種　左からヒゲペンギン　マカロニペンギン　アデリーペンギン　コウテイペンギン

よく似た2種
（左）コウテイペンギン（エンペラーペンギン）
（右）オウサマペンギン（キングペンギン）
大きさと首回りの模様が異る

園では旧水族室を改装してペンギン冷房室をつくりました。

31年（1956）には名古屋にわが国初のオウサマペンギンが入園し、同年には同園にイワトビペンギンも入りました。

長崎水族館へは5属11種

長崎と下関には前述のとおり、昭和34年（1959）にヒゲペンギンが入館したあと、36年（1961）2月にアデリーペンギンが入館し、同年4月にはジェンツーペンギンとマカロニペンギンが入館し、37年4月にはオウサマペンギンが入り、また39年3月にはコウテイペンギンが入館しました。

いままでにただ1羽だけ国内に渡来したペンギンは次の3種です。

・昭和38年にガラパゴスペンギンが浜松動物園に入園した後、40年に動物交換で上野動物園へ移りました。
・昭和45年にフィヨルドランドペンギンが静岡の日本平動物園へきました。
・昭和53年にシュレーターペンギンが北海道の稚内市立ノシャップ寒流水族館へきました。

長崎水族館へはその後に入った種類も合わせ5属11種のペンギンが入館しており、上野はそれにガラパゴスペンギンを加えて5属12種となり、国内で最多種のペンギン飼育の記録をつくりました。

世界にすむペンギンは6属18種といわれていますが、まだ国内に渡来していないペンギンはキガシラペンギンとロイヤルペンギンとスネアーズペンギンの3種です。

ヒゲペンギン　容姿端麗な紳士風

アデリーペンギン　ペンギンスタイルのモデルさん

第二章
寒い国から仲間入り

アデリーご入来

皇族のご来臨つづく

昭和36年（1961）2月にアデリーペンギン3羽が入館しました。
この年には皇族のご来臨の栄誉に浴する慶事がありました。
昭和36年4月24日
天皇（昭和天皇）・皇后両陛下　行幸・行啓　公式ご訪問。
このほかにも、皇族方のご視察がありました。
秩父宮妃殿下　昭和38年4月21日
高松宮殿下　昭和38年5月23日
三笠宮殿下・同妃殿下　昭和40年7月2日
高松宮殿下・同妃殿下　昭和40年7月30日　広場に記念植樹されました。
秩父宮妃殿下　※昭和40年11月13日
皇太子殿下・同妃殿下　昭和44年9月9日　公式ご訪問。
常陸宮殿下・同妃殿下　昭和46年10月16日

※　長崎国際文化センター建設委員会の名誉総裁の妃殿下は、10有余年にわたる同事業の完了式にご臨席された翌日、水族館をご視察になり、月桂樹の記念植樹をされました。

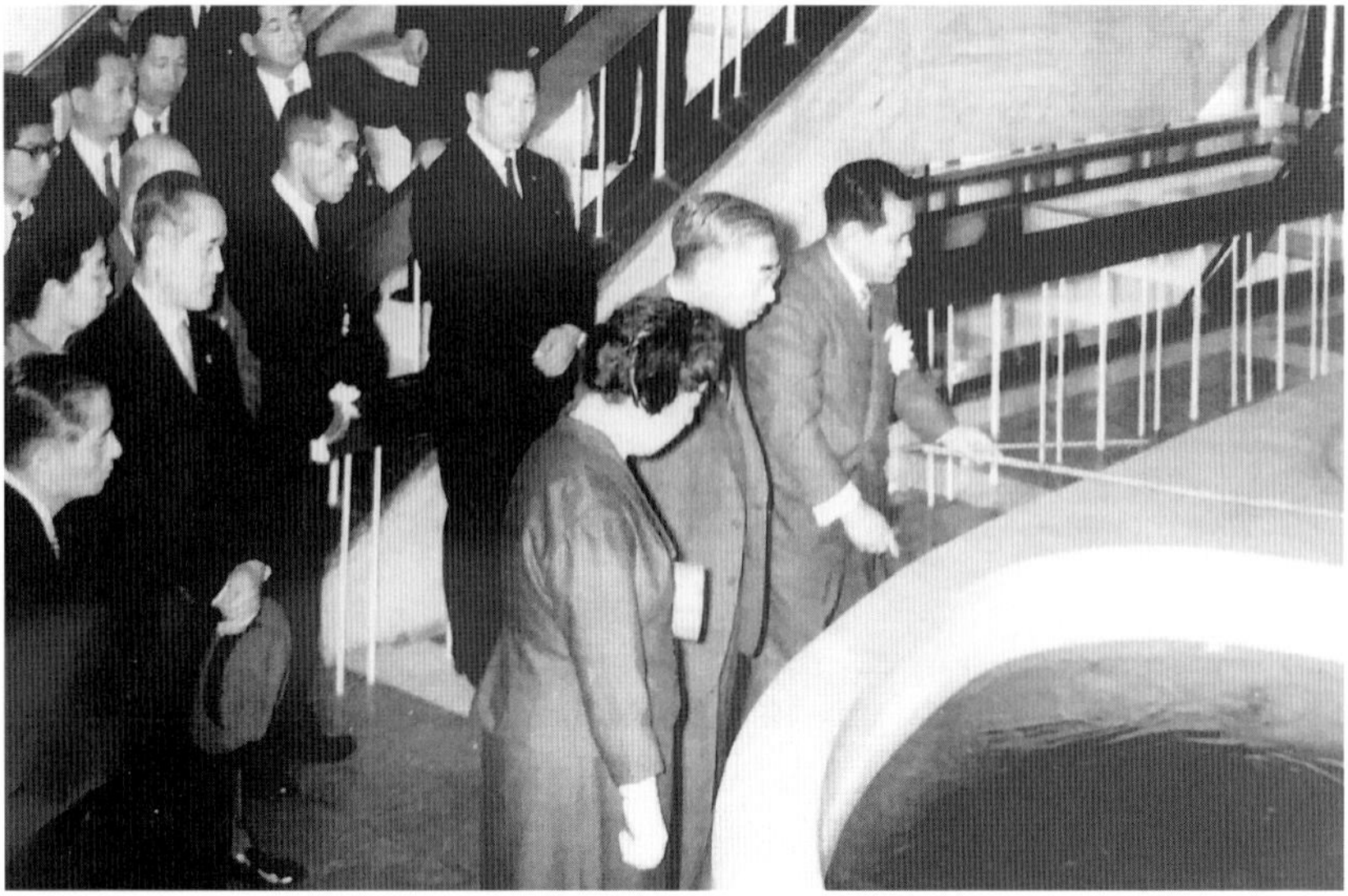

昭和天皇両陛下は昭和36年（1941）4月24日にご来館

皇太子殿下、同妃殿下は昭和44年（1969）9月9日にご訪問に

アデリーペンギン（右）とヒゲペンギン（左）

皇太子殿下・同妃殿下がご視察された折りに、ペンギン室へもお立寄りになられ、長崎生まれのオウサマペンギンの4姉弟の成長した姿をご覧になりました。生後25日目の末子ローラが親鳥のお腹から出て、よちよち歩く姿には特にご興味をお持ちになられ、いろいろとご質問をお受けしました。当日は第24回長崎国民体育大会の夏季大会が開催中でした。

ペンギン様は飛行機、人間は汽車で

昭和36年（1961）の正月はヒゲペンギン3羽と一緒に迎えました。しばらくして、東京にアデリーペンギンが着くという朗報が舞い込みました。2月10日の到着に合わせて下関の係員と一緒にペンギン受領のため上京しました。冷蔵運搬具は2度目の登場となりました。当日東京晴海埠頭に大洋漁業の鯨肉運搬船「播州丸」がアデリーペンギン6羽を積んで帰国しました。ペンギンは両水族館で折半され、羽田空港までは陸送され、ここで長時間待たされて、貨物量の少ない翌11日午前1時15分の深夜のムーン・ライト便でペンギンを無事に飛び立たせたあと、私は大森で宿泊し、急行「雲仙」で20時間かけて翌日に長崎着。3羽のペンギンはビップ扱いでその日の朝の9時に無事に長崎に到着。ペンギン様は飛行機で、筆者は汽車にゆられて2日がかりで長崎へ帰ってきました。

2羽は餌付きも良好でしたが、残り1羽は2段呼吸をしており、治療の甲斐もなく間もなく死亡しました。1羽は2月18日に換羽をはじめ、3月5日に換羽完了。あとの1羽も3月3日に換羽をはじめ、3月14日に換羽を完了しました。住環境が変わったときに換羽することは体力的にみて好ましくないので、健康管理には十分に注意しましたが、とうとう1羽は入館10カ月後に、腸炎のため死亡しました。あとの1羽だけは元気に日々を過ごして、昭和50年（1975）2月まで生存しました。

ジェンツーを迎えて

苦労して輸送した甲斐もなく全羽死亡

昭和36年はペンギン入来の当たり年でした。ジェンツーペンギンを多数乗せた捕鯨母船が4月7日に横須賀港へ帰港するという朗報が飛び込みました。今までは厳寒時の帰港でペンギンを乗

ジェンツーペンギンは、頭部の白い模様が左右両方の目を結ぶように入っているのが特徴

せた船舶はいずれも小型でしたが、今回の報せでは帰港が陽気も良くなった4月初旬で、船は何万トンもある捕鯨母船であることが、少しばかり気懸りでした。

4月6日に横須賀に到着し、下関の担当者と落ち合い2人で捕鯨事務所に出向き、そこで紹介された町なかの大きな旅館に着きました。どの部屋も相部屋で超満員でした。数ヵ月ぶりに南氷洋から帰る船員を迎え、家族と会う喜びを隠しきれず、皆さんはあたかも旧知の交わりを温め合うように、夜のふけるのも忘れて語り合っていました。こちらは朝まで一睡もできませんでした。

7日朝、重たい瞼を無理に開けて波止場へ着きますと、もう大勢の関係者が小旗をもって岸壁に詰めかけていました。やがて捕鯨母船「錦城丸」(第1日新丸改め）は皆さんが出迎えるなか、巨体を静かに接岸しました。

乗船してまず目についたのは大型の特設プールでした。上甲板の一部は仕切られ、縦12メートル、横4メートルほどの特設プールがつくってあり、その中央にはペンギンが休息できるように陸地部もあり、周囲は脱出防止用の網で囲ってありました。臨時の「移動動物園」ができあがり、乗組員たちの憩いの場所になっていたのです。

長崎にはジェンツーペンギン7羽とマカロニペンギン1羽が寄贈されました。運搬具は3度目の役目を果たしました。

下関と合わせて18羽の大所帯となりましたので、ペンギンの輸送は今回も貨物量の少ない深夜のムーン・ライト便になりました。そのため空港事務所脇の涼しい場所にペンギンを収容した運搬具を置き、長時間待たせてもらいました。誰れからともなく、スチュワーデスさんたちの耳に入ったようで、代わるがわる訪問を受けて、ペンギンたちも大分とまどっていたようです。

やっと定刻近くになり、乗客もすでに搭乗を完了して、扉もかたく閉められたころまでかかって、寒い国からの大勢の珍客は丁寧に貨物室に収容されました。そして西の空へ向かって飛んで行きました。こうして善意の愛のリレーによって、4月8日、長崎に無事に到着しました。

しかし、ペンギンたちは船が帰路の途中で赤道を通過し、航海中長時間暖かい外気に直接触れてきました。長い間の上甲板での飼育は高い気温下での生活となり、飼育条件として好ましくなかったようです。長崎に着いたときにはすでにカビ症に罹病していたのか、看病の甲斐もなく短

オウサマペンギンが入館した。うしろは木製運搬具

期間のうちに全羽とも死亡しました。下関でも同じ結果に終わりました。

王様の登場

オウサマペンギン8羽長期飼育に成功

昭和37年（1962）の初めにヒゲペンギン1羽が死亡した後はアデリーペンギンとマカロニペンギンの1羽づつの飼育となり、ペンギン室も閑古鳥の鳴くような淋しさでした。ペンギンの入手シーズンもやがて終わり、今年はもう駄目かと半ば諦めていたところ、一大朗報が伝えられました。

4月24日に捕鯨母船「第2日新丸」がオウサマペンギン24羽を乗せて横須賀港へ帰港するということです。「母船、4月……」と聞けば、昨年のジェンツーペンギンと同じ結果にならないかと、一瞬いやな予感がしましたが、この「救いの神」に寄せる期待で、係員たちの胸は大きくふくらみました。所属の「関丸」によって一大繁殖地のクロゼ島から連れ帰り、母船に積みかえられて横須賀港へ帰ってきたのです。

今までペンギンの輸送用にはブリキ製の運搬具を使用していましたが、今回は下関式の前面網張りの木箱に替えました。オウサマペンギンは大型であり、多少とも高い気温下でも耐えられると思われたからで、1箱に1羽づつ収められて4月27日に入館しました。今回は先般のジェンツーペンギンの二の舞にならぬよう、特に病気予防に全力を注ぎましたが、残念なことに12羽のうち4羽は、カビ症のため2カ月の間に息を引き取りました。

病気の予防治療は薬を溶かした溶液の蒸気吸入法でおこないました。入館後2カ月間は毎日4回、30分かけて予備室でおこない、5カ月後までは回数を減らしながら根気よく実施しました。治療をいやがるペンギンを上手に保定し、発生した蒸気をペンギンに吸入させるため、2名の係員が必要でした。その結果、4年間にペンギンの死亡はなく、ようやく飼育は安定し、8羽のオウサマペンギンは順調に長期飼育され、このあと長崎水族館のペンギン飼育の基盤となったのです。

入館した12羽のうち、全身が濃褐色の1羽のペンギンが混じっていました。異種のペンギンかとも思われましたが種類は分からないまま、半年も経ったころに換羽がはじまり、オウサマペンギンの姿に変身して行くのには驚きました。今まで見たことのないオウサマペンギンのヒナだったのです。このヒナは〝極夫〟と名付けられました。これだけたくさんの同種のペンギンが揃えば、このなかで何組かペアができて、同じようなヒナを繁殖させる機会がきっと来ると思いました。

コウテイペンギンも入館、5種13羽に

昭和39年（1964）3月には、南氷洋から持ち帰られたコウテイペンギン1羽が入館しました。このペンギンは〝フジ〟と名付けられましたが、平成4年（1992）8月まで生存し、同種ペンギンでは世界一長寿のペンギンとなりました。飼育期間は28年5ヵ月。くしくも同年4月には福岡水族館から1羽の同種ペンギンが入館しましたが、こちらは長生きしませんでした。

昭和39年にはオウサマペンギン8羽、コウテイペンギン2羽、アデリーペンギン1羽、ヒゲペンギン1羽、マカロニペンギン1羽の大所帯となり、5種13羽の極地ペンギンが揃い、ペンギンの種類数と飼育羽数では国内の主要都市の先進園館と肩を並べることができました。オウサマペンギンとコウテイペンギンの入館について、報道各社の新聞記事の見出しは次の通りです。

オウサマペンギンの入館について

昭和37年4月28日

長崎新聞　王様ペンギンお目見え

朝日新聞　〝王様ペンギン〟長崎へ

コウテイペンギンの入館について

昭和39年4月1日

長崎新聞　〝いらっしゃい皇帝さま〟

4月3日

朝日新聞　暑い、暑い　参りました　皇帝ペンギン

朝日新聞　昭和37年4月28日　土曜日

"王様ペンギン"長崎へ

長崎水族館　熱帯魚の珍種も

南極の人気者"オオサマペンギン"十二羽が二十七日、長崎市郊外の長崎水族館にお目見えした。さきに南極海から帰ってきた大洋漁業の捕鯨母船第二日新丸がつかまえてきたのを同日早朝福岡まで旅客機で運び、さらに自動車でリレーしてつれてきたもの。これまで同水族館にはアデリー、マカロニなど四種類十四羽のペンギンがきたが、オオサマペンギンははじめて。

いままでいた二羽といっしょに収まった十二羽はクチバシを上に向けたり、クチバシでからだをつついておめかしするなど、あいきょうをふりまいてとても元気。

オオサマペンギンは通称キングペンギンといってペンギンの中の王様。コウテイペンギンについで大柄で、体長八十センチぐらい。クチバシも大きく、クビの横の白い模様がノドから少し離れているのが特徴だという。いままでのペンギンが呼吸器官の病気で死んだことから、この日は室内にはいるとすぐ吸入を受けた。

お目みえした王様ペンギン

昭和37年4月28日　朝日新聞

長崎新聞　昭和37年4月28日　土曜日

王様ペンギンお目見え　長崎水族館

冷房室に入り元気なペンギン

長崎水族館に二十七日王様ペンギン十二羽がお目見えした。大洋漁業「第二日新丸」が南極海クロゼット島でとってきたもので、大型できれいなのが特徴。同館では去年四月にも大洋漁業からゼンツーペンギン八羽を寄付されたが、胸をやられてまもなくみな死に、その前からいたマカロニーペンギン一羽だけ残っていた。

また、二十六日エレファント・ノーズ・フィッシュ一匹が東京水族館からやってきた。この魚は通称「象鼻の魚」と呼ばれる淡水魚で原産地はアフリカコンゴ。鼻が象の形に似て、尾に十—十五ボルトの発電装置をもっている。

昭和37年4月28日　長崎新聞

朝日新聞　昭和39年4月3日　金曜日

暑い、暑い参りました

長崎水族館のペンギン

"アーン"口をあけて、クスリを吹きつけられてペンギンは首を振ってイヤイヤ……苦しそう。

南極から月末、長崎水族館に着いた皇帝ペンギンは長旅の疲れ、途中の暑さで、このところグロッキー気味。到着した日から涼しい部屋で獣医と二人の飼育係から手厚い看護を受けている。吸入器のクスリは抗生物質。極寒のきれいな空気を吸っていた肺が、送られて来る途中、雑菌でおかされた疑いがあるので、大事をとって治療している。しかし病労中とはいっても仲間のなかでは一番大きく、どっしりとかまえている。ヒゲペンギンなどはあまりよりつかない。

抗生物質の吸入を受ける皇帝ペンギン（長崎水族館で）

昭和39年4月3日　朝日新聞

長崎新聞　昭和39年4月1日　水曜日

"いらっしゃい皇帝さま"

長崎水族館にペンギンの王

長崎水族館にペンギンの王様"皇帝ペンギン"がお目見得した。

去る二十八日、大洋漁業の捕鯨母船第三日新丸で南氷洋から運ばれた三羽のうちの一羽で、空路板付を経て二十九日夜おそく着いた。

"皇帝ペンギン"は十七種ぐらいのペンギンの中で最も大きなもので、水族館にきたのは体長七十五センチ、体重三十キロもある。また冷蔵庫の中で旅のつかれをいやしているが"皇帝"の名に恥じず、どっしりとした貫録を示しており、一両日中に一般に公開されることになっている。

なお同水族館のペンギンは、これで五種十二羽になった。

写真・左側が皇帝ペンギン

昭和39年4月1日　長崎新聞

「長崎方式」はじまる

「上野方式」に学んで

ペンギンの飼育管理が軌道に乗れば、つぎの目標はペンギンの長期飼育と繁殖です。病気の予防対策に傾注して、繁殖対策まで手がのばせなかったころ、上野動物園は繁殖計画を立て、その手始めにオウサマペンギンの屋外飼育に踏み切りました。

高温多湿の日本では、室内の温度管理やカビ症対策のため、年中、外気に触れることなく低温下のペンギン室内で飼育されてきました。屋外での飼育は直接に太陽光を浴び運動量も増え、健康増進と繁殖刺激の面で良い影響を受けることが予想されました。

昭和32年（1957）、上野では秋になり涼しくなる季節に、オウサマペンギンを屋内より屋外の飼育場へ移動させて、そこで冬の間飼育し、春先になると屋内飼育室へ戻す方法をとりました。春秋の移動日は季節の話題として上野動物園の名物となりました。この方法は「上野方式」と呼ばれました。

その効果はてきめんにありました。38年（1963）6月30日朝、上野でオウサマペンギンが日本で初めて1個の卵を産んだのです。しかし、抱卵を続行することはできませんでした。翌年も産卵しましたが、同じ結果に終わりました。

長崎でも「上野方式」の一部を取り入れ、オウサマペンギンが入館した翌年の昭和38年に寒冷季の間、屋外飼育に踏み切りました。屋外飼育場はアザラシ池を当て、昼間はアザラシと同居させることにしました。この池は観覧側とは高さ1メートルの金網で仕切られた楕円型のコンクリート池で、面積は88平方メートル、その半分は陸地部で残り半分が池部になっています。この施設はアザラシの飼育用に作られたもので、外柵が低く頑丈な造りでないので野犬などの侵入を防ぐには不十分でした。そのため昼夜連続の飼育は避け、苦肉の策として、アザラシ池での飼育は日中の開館時間のみとしました。屋外での飼育期間は年毎に増加していきました。

「長崎方式」の実施　「王様行列」が人気に

期間中は毎朝屋内ペンギン室よりペンギンを外へ出し、100メートル先のアザラシ池まで歩かせ、夕方に逆コースでアザラシ池より戻しました。毎朝屋内より出して昼間のみ屋外の飼育場で飼育する方法は、上野方式に対して「長崎方式」と呼ばれました。朝夕往復のオウサマペンギンの「王様行列」は、ペンギンパレードとして定着し、全国の動物園、水族館の行事の先がけとなりました。途中には大きな錦鯉池が両側にあり、10段ほどの石段もあり、ペンギンの往復の往来が心配され、途中のペンギンの移動手段が討議されました。その結果ペンギンを歩行させることに決めました。

はじめのうちは係員が先導して歩かせ、遅れるペンギンがとり残されないように、別の係員が後添いして進みました。そのうち、ペンギンたちも慣れて、行儀よく一列縦隊になって行進するようになりました。やがて、係員の先導がなくても、行進ができるようになり、生息地での行動を連想しました。

ペンギンパレードの「王様行列」が大人気

いつもパレードの行進順序は決まっていて、1世グループが先頭で2世グループは後になって歩き、係員の手をわずらわせることはありませんでした。居合わせた観客はこぼれんばかり愛敬をふりまく可愛いペンギンの行列に、手拍子をとりながら万雷の拍手を送ってくれました。

「冬の家」で

「一巡運動」を繰り返す

高い知能指数を持ち、学習力があり順応性の高いイルカやアシカなどの動物を対象に、わが国でも馴致調教が行われてきました。ペンギンについても寒冷季の屋外飼育中に何かトレーニングが出来ないものかと考えました。馴致調教は動物の適応能力をひき出し、生活にリズムを与え適当な運動を通じてストレスを解消し、健康増進にも役立つものと思われます。もともとペンギンは小心で臆病な面がありますが、長崎では毎回給餌どきに手渡しで餌を与え、園内散歩をさせたり、室内の掃除の際にペンギンが後を追ったり、係員の体をつついたりするなどして、お互いが交歓し合い、接触の機会を増やしていますので、ペンギンの警戒心と恐怖心は極度に少なくなっていました。

室内の観覧室は観覧側が池部、後方が陸地部で、身近にペンギンを観覧できるように、観覧側のガラス窓に接して池の上に長さ6メートルの木製のステージが設けられています。日ごろペンギンたちはステージを集団で右往左往する「往来運動」を常時自主的に行っています。

ステージの両サイドには木製のスロープがあり陸地部と連結しています。ペンギンたちは集団で陸地部よりスロープを上ってステージを歩き反対側のスロープを下って陸地部へ戻る「一巡運動」を集団で繰り返し行っています。ペンギンたちの進行方向は時計の逆方向が多いようでした。寒冷季に屋外飼育場で行われるペンギンの馴致調教の基本は日頃の室内での自主的な集団行動にあったようでした。

昭和42年（1967）の記録によりますと、小型の極地ペンギンもオウサマペンギンと一緒にアザラシ池で馴致調教をしています。「台乗り」の調教台は高さ70センチの木製の上がり階段、中央台、下り階段よりなり、それを上り下りして一巡するのです。やはり、小型ペンギンが小回りができて上達が早いようです。出来栄えはマカロニペンギン、アデリーペンギン、ヒゲペンギン

(上)足並み揃えて「台乗り」
(下右)「冬の家」開設当初の馴致調教
(下左)中央の台から上手に「飛び込み」

の順でした。オウサマペンギンでは繁殖賞受賞のペギーが最も活発で、係員も冷汗をかく思いをしました。

屋外での日課の園内散歩は、イギリスのエジンバラ動物園と並んで国内唯一のものとして定着しました。

寒冷季の屋外飼育はアザラシ池で行われてきましたが、昭和47年（1972）12月に錦鯉池の中に仕切られた柵内のペンギン専用の飼育池に移転しました。ここでは「台乗り」の延長として、中央台に上って来たペンギンに「飛び込み」の馴致調教が実施されました。中央台に上がってきたペンギンが係員の手拍子で、水中に飛び込む調教です。なかには手拍子に合わせて途中から一緒に飛び込むペンギンもいて、観客の笑いの種になりました。2羽の小型の極地ペンギンとコウテイペンギンは常時室内での飼育となりました。長崎におけるペンギンの長期飼育と数多くの繁殖の成果は、これらの適度の運動によるストレス解消、運動能力の増進、それに腹八分の給餌法によるものと考えられます。

雪の上の散歩

暖国の長崎でも、年に、1、2回は降雪を見ます。雪が降ると広々とした芝生も化粧を直して白一色に塗りかえられます。その日の来るのを待っていた係員は、早速池の外へ出して雪上散歩を実施しました。ペンギンたちは喜びコウテイペンギンとアデリーペンギンは、厚くもない雪の上に腹ばいになり、ゆるい斜面では滑る格好をしますが、5、6歩進んで面倒になったのか、すぐ止めて歩き出しました。ペンギンたちは両足と尾先で描く3本の軌跡を雪の上に残しながら、先へ先へと進んで行きます。時のたつのも忘れて見とれていますと、いつの間にか係員も地の果ての南極大陸へ来ているような気分になってきました。

お裾分け

いつの頃からか寒冷季の屋外飼育池に野生のゴイサギが出没するようなりました。ペンギンへの給餌時間の前になると、どこからか飛んで来て近くの場所で待機し、いよいよペンギンへの給餌が始まると、素早く池へ飛んできます。手渡しの餌をペンギンが嘴で取りそこねて地面へ落とすと、待ち構えていたゴイサギは兄貴格のペンギンが威嚇しても気にせず、そのアジ肉を寸時に嘴でくわえて飲み込んでしまいます。

空腹のあまりゴイサギから池の鯉など狙われても困るので、毎回係員は取りやすいところへ数切れのアジ肉を落としてゴイサギにもお裾分けしてやりました。

第三章
ペギーちゃん誕生

希望の門、開く

めでたくゴールイン

毎年春になるとオウサマペンギンは年に1回換羽《かんう》（羽のはえかわり）し、換羽期が終わればやがて産卵期を経てヒナが誕生する楽しい季節が来ます。

昭和40年（1965）、オウサマペンギン8羽のうち最も早く衣替えが始まったのは4月16日で、換羽完了が最も遅いものは6月17日でした。最も早く換羽を完了した雄鳥〝ぺん吉〟は換羽中の食欲不振も終了して、今度は食欲旺盛になりました。次々に雌のペンギンの前に立ち仰向いて両翼を広げ、

ケー・ケッケ・ケー

ケー・ケッケ・ケー

と鳴きました。ぺん吉の襟首の黄色がかった橙色はひときわ美しく見え、鳴き終わると首を下に向け、嘴を胸に付けて相手の顔を覗き込み反応を確かめます。ぺん吉は相手の歓心を買うために同じ仕草を繰り返しました。

ぺん吉は求愛行動（ディスプレイ）を雌鳥の前で次々に行っているうちに、雌鳥〝ぎん子〟のハートを射止めたのか、やがてぎん子はお返しの同じ動作を繰り返しました。まもなく2羽の合唱が始まり、

ケー・ケッケ・ケー

たゆまず不動の姿勢で一心不乱に抱卵を続ける

ケー・ケッケ・ケー

けー・けっけ・けー

けー・けっけ・けー

と交互に繰り返して鳴き続けました。２羽を遠巻きにして集まったペンギンたちの前で、２羽は一際高らかに「愛の合唱」を繰り返したあと、めでたく結婚にゴールインしました。

ぺん吉は嘴でぎん子の首周りを撫で回したり、盛んに愛撫行動を繰り返すようになりました。ペアは食欲も低下しはじめ、ぺん吉はぎん子の産卵29日前から、ぎん子は産卵の17日前からすっかり食欲不振になりました。産卵の１週間前からペアは互いに寄り添うことが多くなり、同じ場所に静止しました。以前に見られた派手なディスプレイは見られなくなり、細やかな愛撫や嘴合わせをする行動が見られましたので、いよいよ産卵日が近づいた気配を感じました。

産卵・抱卵が始まる

昭和40年（１９６５）７月11日午前９時、長崎でも待望の産卵がありました。上野に続いてわが国で５番目の卵です。寒冷季の屋外での飼育が産卵の刺激になったと思われます。係員はいつもの通りペンギン室の掃除のため部屋へ入ると、内部の様子が普段と変わっているのに気付きました。

１羽のオウサマペンギンを中心にして、多くのペンギンたちが遠巻きに円陣を作り、そのうちの数羽が盛んに歓声を挙げているところでした。

ケー・ケッケ・ケー

ケー・ケッケ・ケー

と何回も甲高く鳴きました。それに合わせて残りのペンギンたちもばらばらに不調音で

ケー・ケッケ・ケー

けー・けっけ・けー

ケー・ケッケ・ケー

と鳴きました。やがて係員は下腹部の「抱卵のう」が異常にふくらみ、両足の指先を曲げて前かがみの姿勢をしていた1羽のペンギンに釘づけになりました。ぎん子が産卵したのです。発見時に卵を抱いていたのはぺん吉でした。メスは産卵のあと直ちにオスと抱卵を交代することが知られています。ぺん吉は1メートル四方の場所を領域として、殆ど動かず肌身離さず抱卵を続けました。

ほかのペンギン達がテリトリーのすぐ近くまで近寄り過ぎたり、至近距離を通ろうとしますと、どこからともなく急接近してぎん子も協力し合い、領域内へ侵入することを固く拒みます。差餌もこの場所で行いました。この共同防衛は抱卵期に続いて、ヒナがふ化したあとの抱すう期まで続けられました。抱卵場所はヒナがふ化したあとも、そのまま抱すう場所になりました。

肌身離さず一心不乱に抱卵するぺん吉は、34日目の8月13日にぎん子と一回きり抱卵を交代しました。ふ化日の4日前にあたる8月30日から、ぎん子の傍へぺん吉が近づき、陣中見舞いをす

互いのきずなを確め合い、かたずをのんでバトンタッチ

きずなは固く慎重に卵を下腹部へおさめる

ることが多くなりましたので、ふ化もいよいよ大詰めに近づいたようです。

今まで不動の姿勢を続けてきたぎん子は嘴で卵を軽くつついたり、卵を小刻みに回転させる仕草が多くなりました。そのような動作は破殻をスムーズに進行させ、ヒナが「生の衝動」にめざめて「嘴打（はしうち）」を始めたときに、外からその行動を助ける役目をします。卵の中でヒナは嘴の先にある「卵歯」と呼ばれる歯を使って、硬い殻を破りヒナが誕生するのです。卵との触れ合いのなかで、ヒナのふ化が近づいたことを肌で知るのでしょうが、自然の神秘さには深い感動を覚えました。

オウサマペンギンの卵は楕円形で洋ナシ形で長径約10・5センチ、短径約7・5センチで、卵重約310グラムほどで、鶏卵の約5倍ほどの重さです。

日本初の〝ペギー〟誕生

ヒナ誕生を喜び合う仲間たち

昭和40年（1965）9月2日朝7時、ぎん子を取り囲んで、同居中のほかのペンギン達が盛んに歓声を挙げているのを、朝の巡回の折りに宿直員が見つけました。ちょうど産卵当日の朝の賑やかな光景を再現したようでした。待ち望んでいたヒナが誕生したのです。ふ化日数は54日間で、生息地でのふ化日数と同じでした。昭和40年といえば、前年には第18回オリンピック東京大会が

親の足の上でくつろぐペギー　ふ化後20日目　昭和40年9月21日

開催され、まだその余韻が残るころでした。

ぎん子は下腹部より卵殻片を嘴で取り出しました。その重さは24・5グラムでした。間もなく抱卵のうの中にすっぽりと入りこんでいるヒナは、かなり力強く、

ピイー・ピイー

と、うぶ声をあげました。すると、まず、ぎん子の傍にいたぺん吉は首を伸ばして胸を張り、

ケー・ケッケ・ケー

ケー・ケッケ・ケー

と、ひと声、ふた声あげますと、ほかのペンギンたちも首を伸ばして、思い思いに、

ケー・ケッケ・ケー

けー・けっけ・けー

ケー・ケッケ・ケー

と鳴きはじめました。

このざわめきこそ、わが国で初めて成功したオウサマペンギンの誕生を、同室のペンギンたちが心から祝福し合っている歓声だったのです。

出勤してきた飼育係員たちは、ペンギン室の前に集まり喜びを隠しきれず、まるで自分の子どもが誕生したかのように喜び合いました。

ヒナの体の大きさは大人のこぶし大位で、頭部は灰黄色で、そのほかの部分は灰褐色でした。皮膚はビロードのように滑らかな感じで、綿毛が生えたのはずっと後のことです。

わが国とは気象条件が異なり寒冷な気候が長いヨーロッパの動物園では、極地ペンギンは年中屋外の施設で飼育されており、屋外でのオウサマペンギンの繁殖は早くから知られていました。このたびの屋内の飼育室での繁殖はあまり例を見ません。

このあと初めての他種の繁殖は昭和55年（1980）5月に、上野動物園でのイワトビペンギンがあげられますが、その間15年の歳月を要し、種類初の繁殖は話題となりました。

両親は交代で口移しの給餌

11時過ぎにぎん子に差餌を与えましたところ、そのあと2時間たって13時15分頃にヒナは、親の抱卵のうから初めて姿を見せ力強くかん高い声で、

ピイー・ピイー・ピイー

と鳴いて、餌ねだりをしました。ぎん子は反射的な刺激により、自分が食べて半消化したカユ状の栄養に富んだ「ベビー・フード」を、消化液も混じえて胃から戻して、口移しに1回目の餌をヒナへ与えました。ヒナへは両親が交代で口移しの餌を与えますが、25日間の観察ではやはり母親からの分が多いことが分かりました。ヒナへの給餌が始まると、必ず片方の親も傍にきて温かく見守りました。

翌9月3日の報道各社の新聞記事の見出しは次の通りです。

（長　崎）ペンギンの赤ちゃん　長崎水族館で誕生

母親へ餌ねだりするペギー　ふ化後20日目

やがて口移し給餌をはじめる母親（右）

（毎　日）（雑記帳）
（西日本）（遠めがね）
（朝　日）（青鉛筆）
（読　売）（いずみ）

ヒナの成長とともに、ふ化後60日目ごろからヒナへの手渡しの給餌が本格的に始まり、同時に親からの口移しの給餌は次第に少なくなったのは当然です。しかし、直接人手によるヒナへの差餌がおこなわれても、ヒナの要求に応じて親はヒナへ口移しの給餌を毎日1回当たり25分をかけて3回ほども行っており、両親が如何に子ぼんのうだったかを物語っています。

ヒナの成育の経過は次の通りです。

・9月5日（4日目）ぺん吉はヒナを抱いたまま室内を一巡した。
・9月13日（12日目）ヒナは次第に大きくなり、下半身は「抱卵のう」よりはみ出す。
・9月18日（17日目）ときどきヒナは出て歩く。
・9月23日（22日目）出歩くヒナをコウテイペンギンのフジが自分の「抱卵のう」へ誘い込む。
・9月24日（23日目）自分で毛づくろいをはじめる。
・9月30日（29日目）ヒナはひとりで歩き始めた。
・10月1日（30日目）思いもよらず、ヒナの容態が急変した。発熱、呼吸数は多くなり肺炎の兆候ありと認め、獣医師の診断を受け抗生物質の筋肉注射を行う。当夜は徹夜で観察を行う。
・10月3日（32日目）体重1・2キロ。1日中単独行動を行う。経過は良好の模様。
・10月12日（41日目）試みにアジ肉30グラム1片を与えると採食した。体重2・83キロ。
・10月14日（43日目）一般公募により、名前は〝ペギー〟と決定した。
・10月15日（44日目）NHKが中継してペギーの姿が全国へ放映された。体重3・4キロ。
・10月31日（60日目）体重が横ばいになったので、ヒナへの人手による給餌量を次第に増量した。
昭和41年（1966）
・1月13日（135日目）給餌のときヒナ独特の鳴き声のほか、初めて成鳥と同じ鳴き声で意識的に鳴いた。
・2月12日（165日目）両親からの口移しの給餌量は次第に減少したので、人手による給餌量を増やしてきたが、本日から人手による給餌のみになった。
・5月6日（248日目）初換羽が目のまわりと両翼から始まる。
・5月24日（266日目）初換羽すべて完了。うぶ毛から真の羽毛になり一人前の姿になった。
ペギーの体重は生後4ヵ月から6ヵ月は9・4キロから10・2キロの範囲でしたが、8ヵ月で成鳥なみの13キロほどになりました。

親同士の抱すう交代は抱卵の交代よりも楽に行われます。ペアが20～30センチほどの間隔を開けて向き合い、ヒナを抱いた親は両足を心持ち開けて、嘴でヒナを静かに押し出します。ヒナがゆっくり出てくるところを、待ち構えたパートナーはヒナを嘴で優しく触って自分の抱卵のうへ

親鳥がヒナを抱いた時間（ペギーの場合）

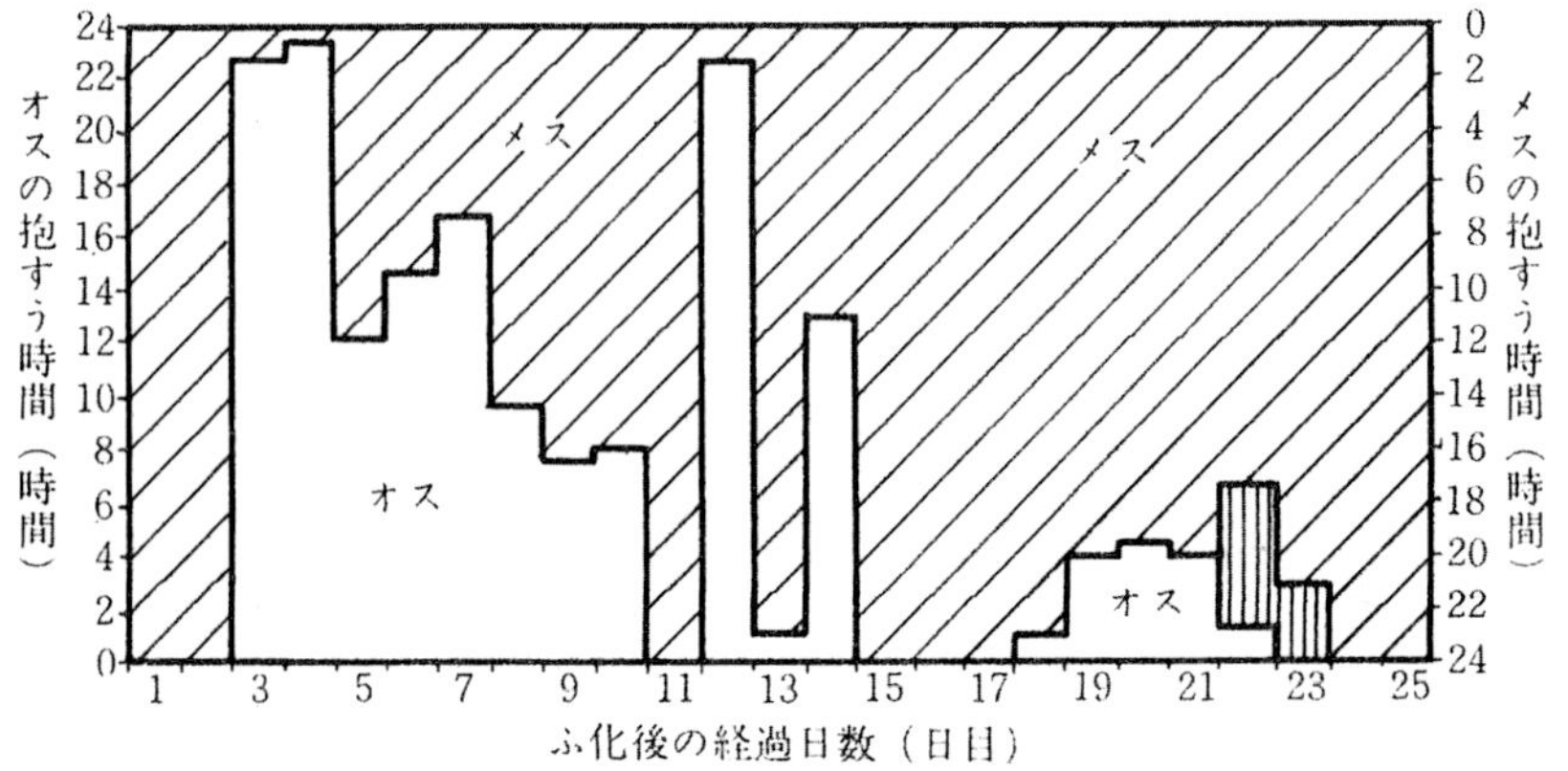

誘導しますと、ためらいなくヒナは中へ吸い込まれるように入り込みます。

フジのお腹へかくれんぼ

ペギーがふ化後22日目、親の下腹部の抱卵のうから出て床上を歩くようになった時、何時の間にか、コウテイペンギンのフジが自分の下腹部へ、ヒナを誘い込みました。ペギーはまるで吸い込まれるようにして、大きなお腹の中へ入りこみました。両親は驚き、あわててフジの脇を右往左往するばかりです。係員たちもあわてました。ペギーはよほど気に入ったのか、なかなか外へ出てきません。その都度、係員は丁寧にフジのおなかから取り出して、母親のぎん子のもとへ戻してやりました。しばらくすると同じことの繰り返しになり、2日間にわたり1日に幾度となく繰り返されたので、たいへん苦労しました。

フジはペギーの可愛い姿を見て、ブリザートが吹きすさぶ南極の地で、子育てしたときのことを思い浮かべ、ふと親の抱すう本能がよみがえったのかもしれません。

(上)口移しの給餌が始まり興味は深まる
(中)興奮のあまり脇で歓声を挙げる
(下)もの珍らしさも手伝い一勢にのぞき込む

この話は後になって、幼稚園児むけの童話『ひとりぼっちのペンギン』という題名の絵本になって、全国の園児に広く読まれ親しまれました。
筆者はこの絵本に一文を載せました。

フジのこと

元長崎水族館長・白井和夫

コウテイペンギン「フジ」は昭和39年にはるか海のかなたから、はるばる長崎水族館へやってきました。当時、コウテイペンギンは国内に数羽いたのですが、現在では、フジ1羽のみとなりました。

今、ペンギン室には、コウテイペンギンのフジをはじめ、オウサマペンギンなど7種25羽のペンギンが同居しています。

当館で、オウサマペンギンにヒナが生まれたのは昭和40年のことです。国内でふ化に成功したのは、これが初めてでした。

親鳥は、卵からかえったヒナを、両足の上にのせ、下腹の皮膚でおおって育てますが、フジは、出歩きはじめたオウサマペンギンのヒナを足もとへさそいこんで、親鳥をあわてさせました。

昭和52年には、当館生まれののオウサマペンギンから「ペペ」というペンギンが生まれました。フジは、ぺぺに子守役としてしばらく付き添いました。成長したぺぺとフジは、今でも大の仲よしです。

ペンギンは、とてもおとなしくて、よくなつき、仲がよい動物です。ペンギン室では、今日も、ペンギンたちがフジを中心に楽しそうに暮らしています。

ヒナの成長を「寝ずの番」で見守る

10月14日にヒナの命名式がおこなわれました。名前の応募総数1271通のうち、約10%を占めたペギーと命名されました。

10月15日、ペギーはNHKテレビ「スタジオ102」で長崎から全国へ生中継で放映され、可愛い姿を披露しました。

ペギーは両親からの口移しの給餌も順調にいきましたので、ひとまず安心しましたが、新しく頭痛の種が出来ました。親子3羽のペンギンは大事をとって別室で飼育することなく、たくさんの仲間と同居させていたのです。成長してひとり立ちしたヒナは、親から離れて出歩くようになりました。そのため、同居中のペンギンが好奇心も手伝い意地悪をして行動の邪魔をしないか、万一、ヒナが誤って池の中に落ちないかなど、心配の種は尽きません。それに夜間における親のヒナへの口移しの給餌の状況も把握したいのです。

万一の出来事を考えた末に、飼育係員全員が話し合った結果、ヒナの動静観察と危険防止と緊急時の円滑な対応をするため、飼育係員が24時間体制で、観察をかねて付ききりの監視をすることになりました。

夜間は当直の係員がペンギン室の前にベンチを持ち込んで座りこみ、窓ガラス越しにペンギンの動静を観察するため、血走った眼を光らせて「寝ずの番」を始めました。

9月といえば、まだ蚊の多い季節です。2、3本の蚊取り線香では間にあいません。体のあちこちを掻きながら頑張りましたが、昼間の疲れで、ついうとうとと居眠りをします。ヒナは真夜中だろうと、おかまいなしに甲高い鳴き声を張り上げて親へ餌ねだりをします。観覧窓は結露防止のため、二重ガラスになっているにもかかわらず、夜半の静かな空気をふるわせるほどの、甲高いヒナの声が室内から飛び込んできます。

「ピー・ピー　おじさん　寝たらダメだよ」

と、疲れた係員にヒナが呼びかけているようでした。その鳴き声にハッと眼を覚ますことが何度もありました。その努力のおかげで的確にヒナの動静が分かり、親からの給餌状況も把握されて、その体験をもとに、その後、年毎に誕生したヒナの育成に生かされました。

ペンギンはほぼ1夫1婦制であり、父性愛、母性愛、夫婦愛の強い生きものであることは古くから知られていましたが、幾多の行動を目にすることができ、深い感銘を受けました。

昨今は自分たちの子供さえも、満足に育てることができない若い両親が増えて、社会問題になっていますが、そのような人たちには耳の痛い話です。

昭和41年5月、犬山市で開催された日本動物園水族館協会通常総会で、日本で初めて繁殖し6ヵ月以上生存した動物として、ペギーに「繁殖賞」が授与されました。同年にはペギーに関する記録を筆者は「どうぶつと動物園」に発表し、東京動物園協会（会長 吉田 茂 元首相）から第2回「高碕賞」を受賞しました。さらに42年には、ペギーの繁殖に関する専門的な報告文を、筆者らは「動物園水族館雑誌」に発表して、同協会から「技術研究表彰」を総会のおり受けました。

昭和41年11月、ペンギン飼育担当の水江係員は、観光功労者として県知事表彰を受けました。

筆者は昭和42年（1967）に外国の専門誌にペンギンの展示に関する論文を発表しました。

International Zoo Yearbook, 7：35－36
Published by the Zoological Society of London 1967
Penguin exhibit at Nagasaki Aquarium
K.SHIRAI

続くヒナの誕生

破れた殻でヒナが傷つかないような工夫

ペギー誕生の翌41年（1966）4月6日にぺん吉は換羽をはじめ23日間を要して衣替えを完了

し、ぎん子も5月3日に換羽をはじめ、14日間を要して衣替えを終えました。衣替え中の食欲不振も終わり、以前にも増して食欲がでました。ペアは6月6日にはお互いに嘴による愛撫行動を始めて交互に高鳴きする動作を繰り返しました。その後もたびたび求愛行動が見られ、6月20日朝の5時から6時の間に産卵が見られました。

この度の産卵はわが国で第11例となりました。ぺん吉は前半38日間卵を抱き、1回きりの交代で後半16日間はぎん子が受け持ちました。抱卵期間はペギーと同じ54日間で、両親は昨年と同じでした。

ペギーの時はヒナの誕生に手が掛かりませんでしたが、今回は大変な苦労がありました。いよいよ待望のふ化の徴候が始まり、たびたび抱卵交代が行われ、そのたびに受ける外部からのショックで卵の破殻も進行しました。それに呼応して、ヒナは嘴打によって自力で破殻を完了せねばならないのですが、ヒナはひ弱いためか、破殻を進めることができない模様です。このまま放置すると取り返しがつかない事になるかも知れません。緊急を要する事態のため、急きょ係員が協議の結果、人手によりぎん子の下腹部から卵を取り出すことになりました。

係員はふだん抱卵のうに手を入れて卵を取出し、卵の状態をチェックしていますので、ペンギンもその行為には慣れています。破殻がすすんだ卵を直ちに取り出し、卵殻片でヒナの血管を切断しないように、慎重に卵殻を取り除いて、人手によってやっと無事にヒナを誕生させました。

(上右)ペル誕生　はじめて姿を見せる
(上左)エンビ誕生　ふ化後11日目
(下)ローラ誕生　ふ化後14日目

ヒナには〝ペル〟という名前がつけられました。手渡しの給餌に切り替え後に、ふ化後の同じ時期のペルとペギーの体重を比較すると、ペルは小さくて最高700グラムほどの差がありましたが、その成長カーブの動向は両者とも全く同じ傾向を示し、順調に成育しました。

ぺん吉とぎん子は繁殖期にはペアに

昭和42年（1967）も40年、41年に引き続いて、またぺん吉、ぎん子は繁殖期になるとペアを組みました。同年も健康状態は申し分ないようで、上々のコンディションと見受けられました。今回はいままでの2回の抱卵場所とは異なり、2羽は観覧側からは見えない落ち着く場所で食欲不振となり、一日中静止することが多くなり、6月28日にそこでわが国第15例の卵を産みました。

8月19日早朝に抱卵場所近くで卵殻片が発見されました。昼過ぎには、卵殻は大きくめくれてしわが寄り、ヒナの動く様子が見られました。破殻の進行に呼応して、ヒナの嘴打が活発になりました。それから2時間たった頃、ぎん子が卵を放り出したため、卵は浅い側溝のなかへ転がり落ちました。傍でみていた係員はあわてて取り上げ、ぎん子へ返してやりました。

ヒナは動きながら「ピィー・ピィー」と微かに鳴きました。係員たちもその産声に勇気づけられて、いよいよ緊張感は高まりました。ぎん子が踏み付けたら、取り返しのつかない事になるので、ヒナを取り上げたあと、きれいに卵殻片を取り除き、そっとぎん子の足元へ置きました。ぎん子はすかさず、ゆっくりと下腹部へ納め、人手によってヒナが誕生しました。この第3子は〝エ

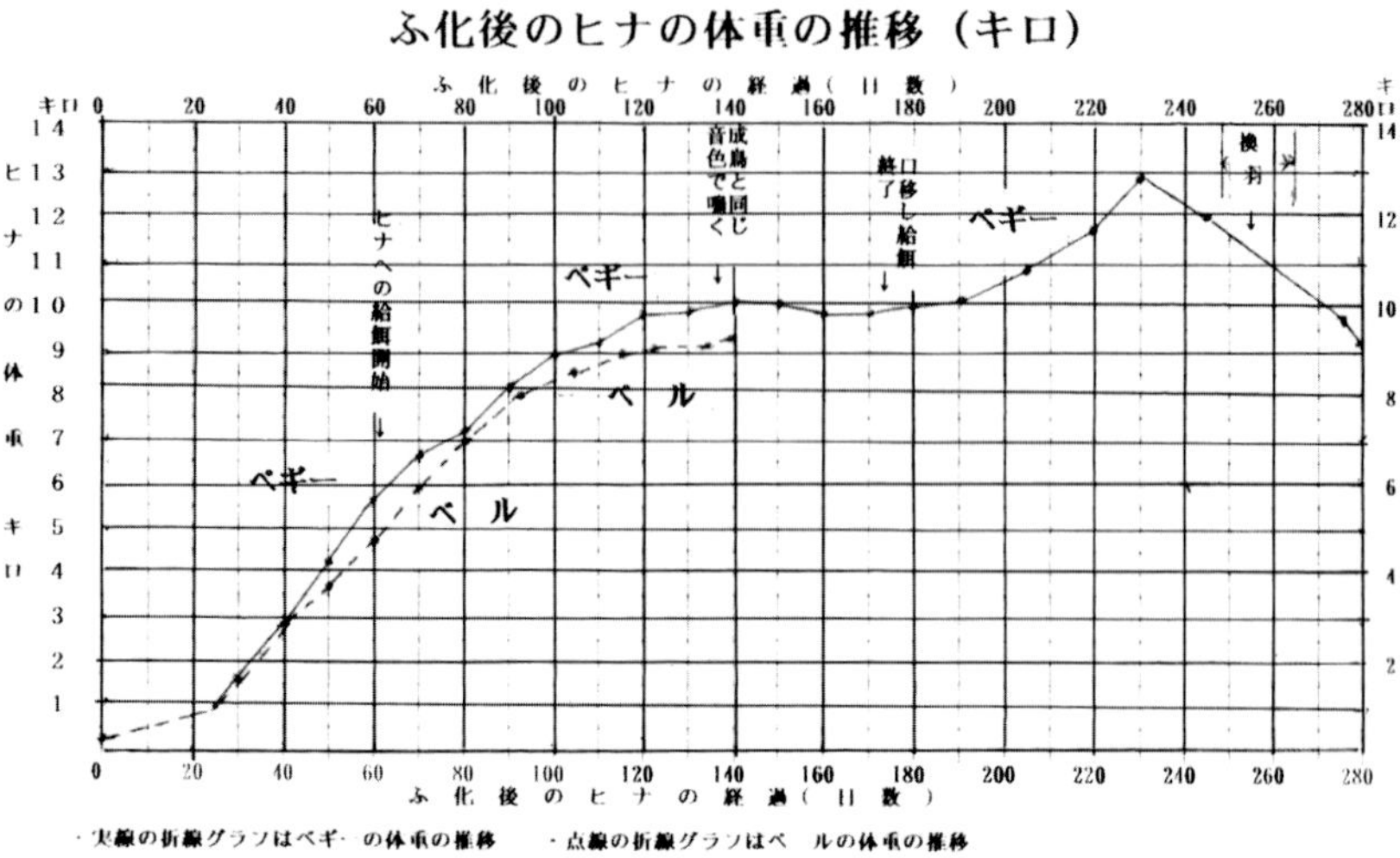

ヒナの体重の増加傾向はペギとペルーは同じ

ンビ〃と名付けられました。今回も前回同様に大変な苦労をしましたが、3年続けてのヒナの誕生となりました。

同じ両親によって、昭和40年から3年連続してオウサマペンギンが誕生しましたが、43年には産卵がありませんでした。生息地では毎年繁殖を試みますが、成功するのは最大でも3年に2回だということです。

昭和44年（1969）には大阪の天王寺動物園と神戸の王子動物園でも、オウサマペンギンの繁殖が見られました。長崎でも同年6月20日に同じ親が、わが国第26例の卵を産みました。月満ちて長崎では8月16日に第4子が誕生し、〃ローラ〃と名付けられました。それより先に7月14日には大阪でヒナが誕生し、わが国で誕生第4号となりました（産卵第23例）。神戸でも9月12日に誕生に成功して、誕生第6号となりました（産卵第27例）。長崎はその前の誕生5号となったのです。神戸生まれの〝ビンちゃん〟は国内で初めての人工繁殖に成功した功績により、繁殖賞が授与されました。

3羽の抱卵リレーでローラ誕生

ペルとエンビの誕生には、大分苦労しましたが、ローラにもそれ以上の出来事がありました。昭和44年6月20日、ぎん子が産卵しました。ぎん子はペアのぺん吉にすぐに抱卵を交代して欲しいのですが、ぺん吉は極夫とオス同士で仲が良くて2羽でぎん子のガード役になり、その気がありません。とうとう4日目にぎん子はしびれを切らして抱いていた卵を床上に放り出しました。きっとぺん吉が抱卵してくれるものと思ったでしょうが、意外にもそばにいた他のペアの極夫が横取りして抱卵したのです。生息地でもまれにそのような混乱があるようです。そのあと極夫は一心不乱に抱卵を続けましたが、7月19日に卵をぺん吉に渡しました。今度はぺん吉が大事に抱卵を続け、8月16日に無事にヒナが誕生しました。ローラと名付けられましたが、3羽のリレー抱卵による誕生で、ほかのペアの極夫も立派に貢献したのです。

まだ話は続きます。実は6月11日にペギーが産卵し、母親ぎん子のそばで親子が仲良く抱卵していたのです。パートナーは極夫だったのです。極夫はペギーが産んだ卵を直ちに抱かねばならないのですが、ぺん吉と仲良しのためペギーが産卵したことには気が回らなかったようです。

ペギーはやむなく抱卵を続けました。やがて極夫は7月19日にペギーのもとへ帰ってきました。

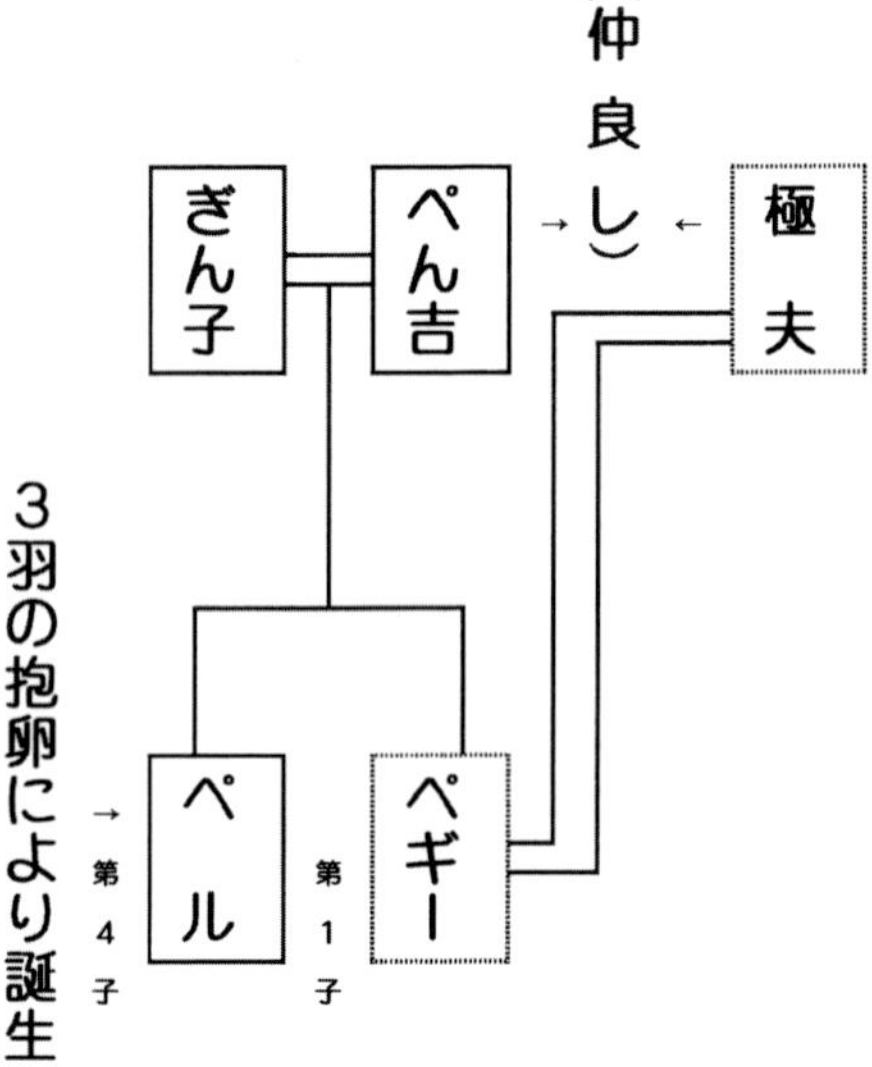

卵はペアと極夫の3羽交代で抱かれた

その日はぎん子の卵をぺん吉に返した日でした。極夫は心を入れかえ抱卵を交代しようと思ったかも知れませんが、ペギーは極夫に卵を渡しませんでした。ペギーは既に中身が流失して張り子になっていた卵を、ふ化の予定日過ぎまで一生懸命に大事に抱いていました。

抱卵場所はそのまま抱すう場所にもなりますが、毎回大体同じ領域となっています。生息地で繁殖期に見られるコロニーのミニ版といったところです。それにしても、室内の抱卵場所は13例のうち11例が室内の片隅で、観覧側からは見えない狭い領域に集中したことには驚かされました。

長崎水族館におけるオウサマペンギン2世の繁殖系図が示す通り、2世が5年間で4回とも同じ両親のぺん吉とぎん子のコンビから生まれたことは、世の高い評価をうけました。

末子のローラは4子のうちで、ただ1羽のオスでしたので、3羽の姉に比べて活動は機敏で積極的であり、体格もたのもしい感じに成長していきました。

昭和46年1月の体重測定の結果は次の通りです。

ペギー　8・6キロ　生後5年4ヵ月
ペル　　9・2キロ　　　4年5ヵ月
エンビ　8・2キロ　　　3年5ヵ月
ローラ　8・8キロ　　　1年5ヵ月

生後1年半もたつと、もう、年齢による体重差はあまりないことが分かりました。
長崎生まれの4羽についてローラは短命でしたが、あとの3羽は19年から27年間飼育することができました。惜しくもぎん子はローラを産んだ1年後の昭和45年5月に死亡したため、ぺん吉・ぎん子のペアは消滅しました。

1羽抱卵の場合（8例）

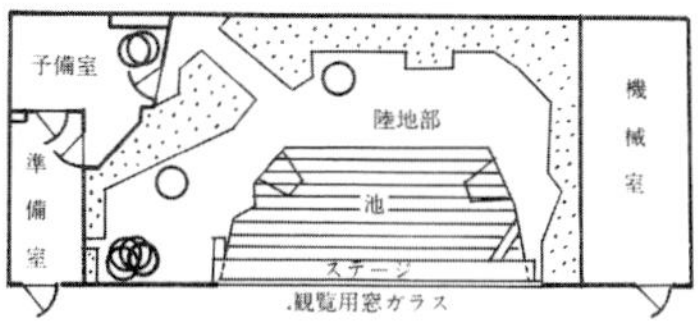

2羽同時抱卵の場合（5例）

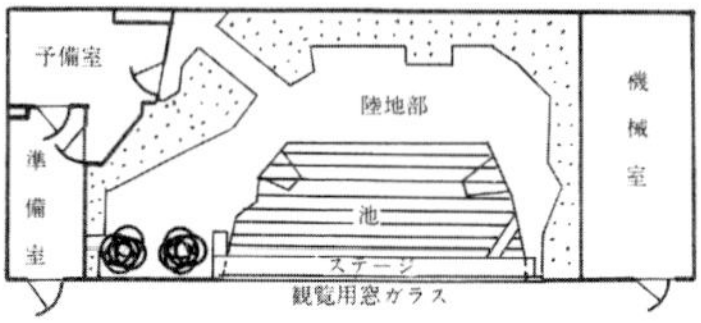

3羽同時抱卵の場合（2例）

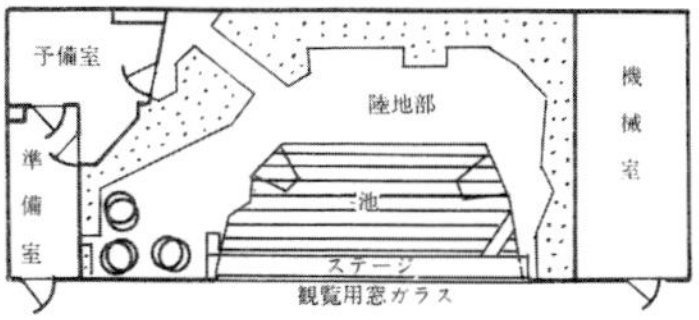

ペンギン室内での抱卵領域

○は抱卵場所示す

狭い領域内で間隔をあけ同時期に抱卵した

せっかく生まれたヒナに活力がない時には、餌ねだりの鳴き声もか細くて、親は口移しの給餌のタイミングが狂い給餌回数が少なくなり、ヒナは親から貰う餌の量が少なくて、日増しに衰弱して行きます。このような場合、そのまま子育てを親に任せておくべきか、ヒナを親から取り上げて人工哺育に切り替えるべきか、係員同士で真剣に討議を重ねます。その結果、人手により人工哺育を実施することになれば、係員は5、6時間毎に、たとえ深夜でも親代わりにアジ肉の細片をヒナに与えます。このような懸命の努力もむなしく、ヒナが何日か後に息を引き取った時には、言いようのない暗い気持ちに落ち込みます。しかし、苦心のすえ無事に育て上げた時には、今までの苦労も吹き飛び、感激もまたひとしおです。

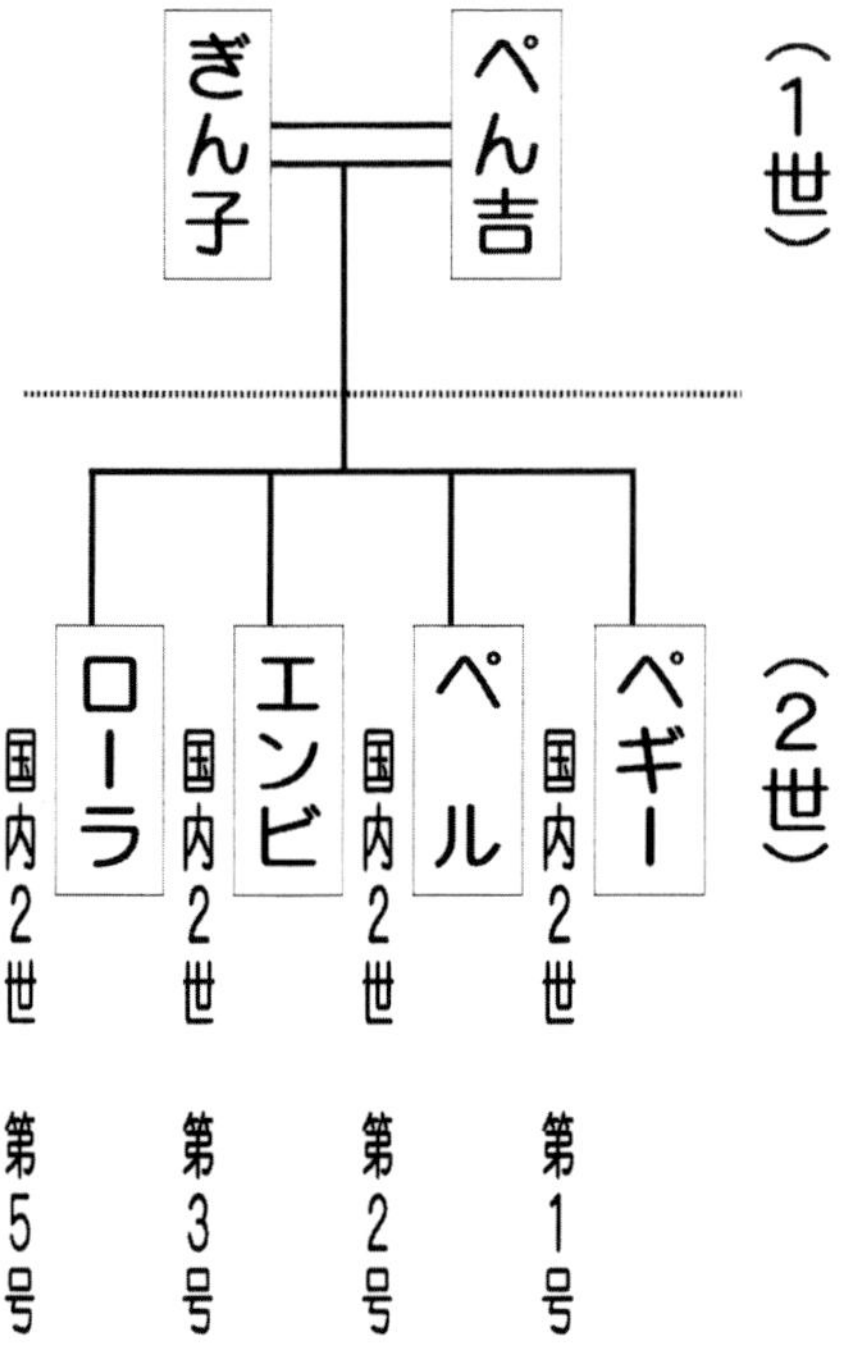

ぺん吉･ぎん子ファミリーの系図（1）

換羽も頭部を残すのみ　左よりぎん子、フジ、換羽中のペギー

大きくなってもまだ口移しの給餌を受ける

換羽は下腹部よりはじまる

温帯ペンギン池　寒冷季の「冬の家」となる

池のふちに勢揃い　何か起こると一勢に水中へ　左から2番目は幼鳥

屋内ペンギン室で勢揃い

ペンギンランドでのくつろぎ（プレゼント用の下敷き）より

西日本新聞

昭和51年3月6日（土曜日）
家　庭　欄　寄　稿

わが国初・オウサマペンギンを誕生させて

長崎水族館長　白井　和夫

ペンギンに注いだ愛　教えられる「夫婦仲」

タッグマッチで卵抱く

「ケー・ケッケ・ケー　ケー・ケッケ・ケー」朝の静かな空気をふるわせて、かん高い鳴き声が私の耳の中へ飛び込んできた。この騒ぎこそ、わが国初のオウサマペンギン誕生を、心から祝福し合っている歓声だったのである。時は昭和40年9月2日朝。

母親「ぎん子」の下腹部にすっぽりと入り込んだヒナ「ペギー」が〝ピーピー〟と鳴いて餌（えさ）ねだりを始めると、母親は反射的な刺激によって、すでに胃内で半消化したベビー・フードを戻して、口移しにヒナへ与えた。給餌が始まると、父親「ぺん吉」も必ず駆け付けてきて、わきで温かく見守るのだった。うらやましげにながめるのは11羽の仲間たち。親子3羽を遠巻きに取り囲んで、その間中ガヤガヤと騒ぎ立てるのには閉口した。

寝ずの番で見守る

野次馬化した仲間たちが哺育上の障害とならぬか、ヒナが池中転落などの事故を起こさぬかなど、諸問題が飼育課員の間で討議され、その結果、事故防止のため終日にわたり監視体制をとることになった。

夜は飼育室の前にベンチを持ち込み、蚊に刺されながらの寝ずの番。昼間の疲れで眠けをもよおして、ついうとうとすると、ヒナのかん高い餌ねだりが始まる。その鳴き声で目を覚ますことのなんと多かったことか。

「ペギー」はふ化後2ヵ月して、口移し給餌の外に係員から手渡しの給餌をうけ、また9ヵ月で初換羽を済ませて、野暮なダブダブの黒服を脱ぎ、燕尾服の若衆姿となった。

「ぺん吉」「ぎん子」は完全な一夫一婦制のもと、さらに昭和41年に「ペル」(日本2号)42年に「エンビ」(日本3号)44年に「ローラ」(日本5号)を誕生させた。

共同防衛体制も

春の換羽期が終われば恋の季節となり、狭いペンギン室内は急に活気立ってくる。例年同じペアの間では、嘴(くちばし)による愛撫や嘴合わせなど、愛情細やかな求愛行動が見られた。そのころには食欲不振となるため、給餌管理面で細心の注意が払われる。やがてにぎやかな光景も影を潜め、ペアは相添ってお定まりの場所に静止してしまうのだった。

そして産卵。メスは数時間のうちにオスに卵をタッチして気軽になる。オスは前半の30数日間、肌身離さず、立ち姿のままたゆまず抱卵を続行する。ベビー誕生について、その責任の半分をオスが分担するわけであり、世の亭主族には耳の痛くなる話だ。

後半の20数日はすっかり栄養をつけたメスが抱卵を受け持ち、ベビーのふ化はメスの手で行われるのだ。抱卵・抱すう期間中、繁殖のために定められたテリトリー内へ仲間たちが不用意に接近すると、パートナーが馳(はせ参じて共同防衛体制をとる。

ふ化の前日になると、オス、メスの間で抱卵交代がしげしげと始まる。ヒナが生の衝動に目覚めて嘴打(はしうち)を始めたとき、外からふ化を助けるために破殻を行っているのだ。ヒナが虚弱なためか、破殻の進行状況が悪いので、卵を慎重に取り出し、卵殻片でヒナの血管を切断せぬよう、かたずをのんで破殻を済ませ「ペル」「エンビ」を無事に誕生させてやったこともあった。

おみごと集団調教

「腹八分」式の給餌こそ飼育のコツだと判断して給餌管理をした結果、日常行動が活発になり、健康は保持された。さらに動物の適性能力を引き出し、適当な運動を与えてストレスを解消し、健康増進に役立てるため、ペンギンの集団調教を全国に先がけて計画した。

小心で臆病なペンギンではあったが、給餌、園内散歩、掃除などの際に、できるだけスキンシップを行って、警戒心と恐怖心を緩和することに努めた。当館で日課となった「冬の家」への移動は集団調教の素地となり、短期間のうちに「行進」「台乗り」「飛び込み」の種目が完成された。

極地ペンギンを育てて17年、整然とした系図も出来上がり、すでに結婚した2世たちに3世誕生の夢が託されて今日に至った。彼女らのドラマチックな日常生活を観察するうち、ひ弱な生き物に、幾多の限りなき「愛の原点」を見いだすことが出来た。ペンギンとの17年間の生活記録を、私は近く出版する予定だが、この記録を通じて人間が生き物たちとの連帯感を深めてもらえたらと願っている。

第四章
ぺぺちゃん誕生

期待を重ねて

日本初の3世誕生はならず

長女ペギーは昭和44年（1969）に初産卵して、翌45年にも6月4日に産卵しました。ペアの相手は極夫で、月満ちて7月27日に、嘴打を確認しましたが、いくら待ってもヒナは産声を挙げませんので、14時40分に卵殻の付いたままのヒナを取り上げました。そのあと卵殻を注意深くはがしてから、またペギーのおなかへ戻してやりました。

その後待っても産声が聞かれませんので、20時15分にヒナを取り上げて見ると、既に息が途絶えていました。「へその緒」の部分の卵殻を外すときの不手際のため、出血多量で死亡したのです。日本で初めての3世誕生かと注目されましたが、残念なことでした。これでペギーも生後4年で成熟年齢に達していることが分かりました。生息地では3歳から4歳で繁殖がはじまり、5歳から8歳で繁殖が増加するということです。

次女ペルは昭和47年（1972）7月1日に初産卵したあと、抱卵後30日目に破卵しましたが、卵中には「死ごもりヒナ」があり有精卵でした。ペルは性成熟するまでに5年を要したことになります。

第3子のエンビの初産卵は昭和48年で、54年に有精卵を産みました。

第4子のローラが誕生した同じ年の昭和44年に生まれた、ほかの2カ所の動物園のオウサマペ

卵は大丈夫？と心づかい

抱卵交代を促す

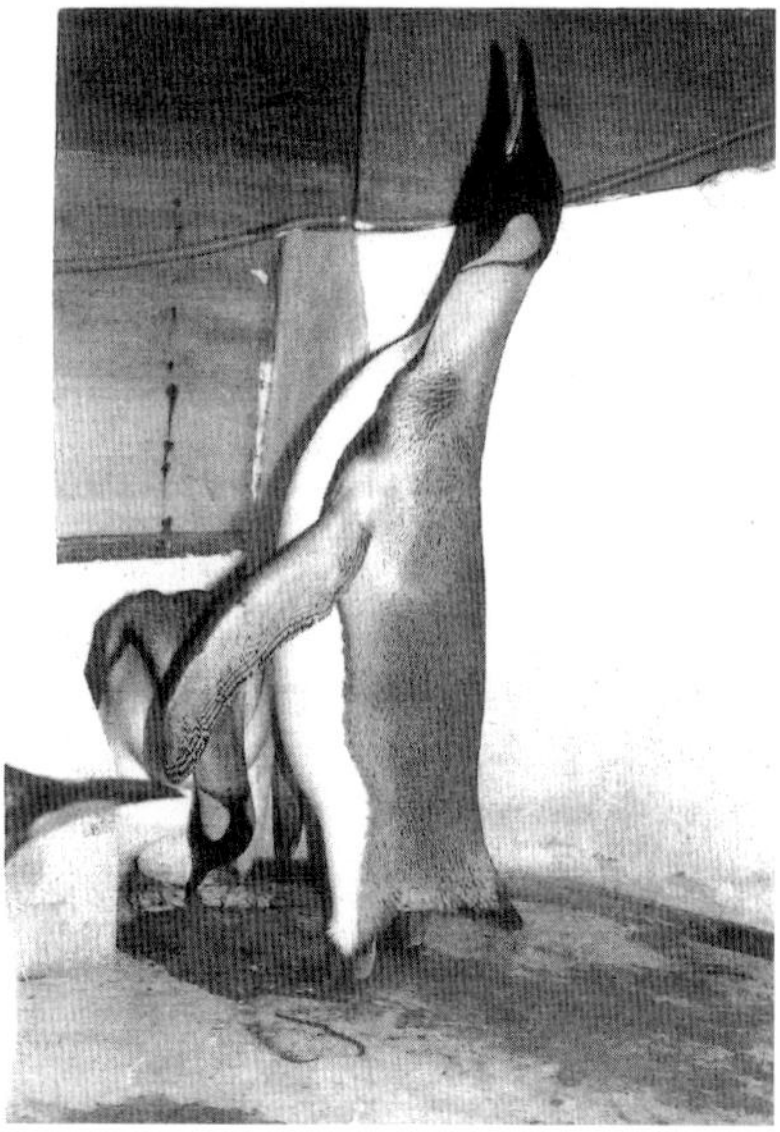

交代の前に合図の一声

いよいよ抱卵交代はじまる

ンギンはすでに他界しましたので、３世誕生の夢は長崎生まれの３姉妹の手に委ねられたことになりました。

ローラ誕生後の昭和45年（１９７０）から50年にかけての産卵・ふ化に関する主な事項をまとめました。

・（前述）昭和45年６月４日にペギー・極夫ペアが産卵し、７月27日にふ化。ふ化日数は54日間でヒナはふ化当日に死亡。ヒナの体重は１５０グラム。

・昭和45年７月５日にかん子・ぺん吉ペアが産卵し、８月30日にふ化。ふ化日数は57日間でヒナはふ化当日死亡。ヒナの体重は１８９グラム。

・（前述）47年７月１日にペル・ぎん吉ペアが産卵。30日目の７月30日に破卵取出し。中死ヒナの体重は24グラム。

・昭和49年（１９７４）６月20日にペギー・極夫ペアが産卵。49日目の８月７日に破卵取出。中死ヒナの体重は79グラム。

これらの記録よりふ化当日のヒナの体重は１５０グラムと１８９グラムの２例があげられ、中死ヒナの体重は産卵30日目で24グラム、49日目で79グラムの２例があげられます。

とうとう昭和49年と50年には３姉妹も含めて、前後して４組のペアが出来ました。50年の９月下旬から10月中旬にかけて３姉妹が同時期に抱卵しました。ペンギン室はあまり広くないので、１世同士のぺん吉・かん子組は予備室へ移しました。抱卵場所は例年とも定まっており、近い場

抱卵中の3姉妹（1）静かなふんいきのなかで　左よりペル、ペギー、エンビ　昭和50年10月12日

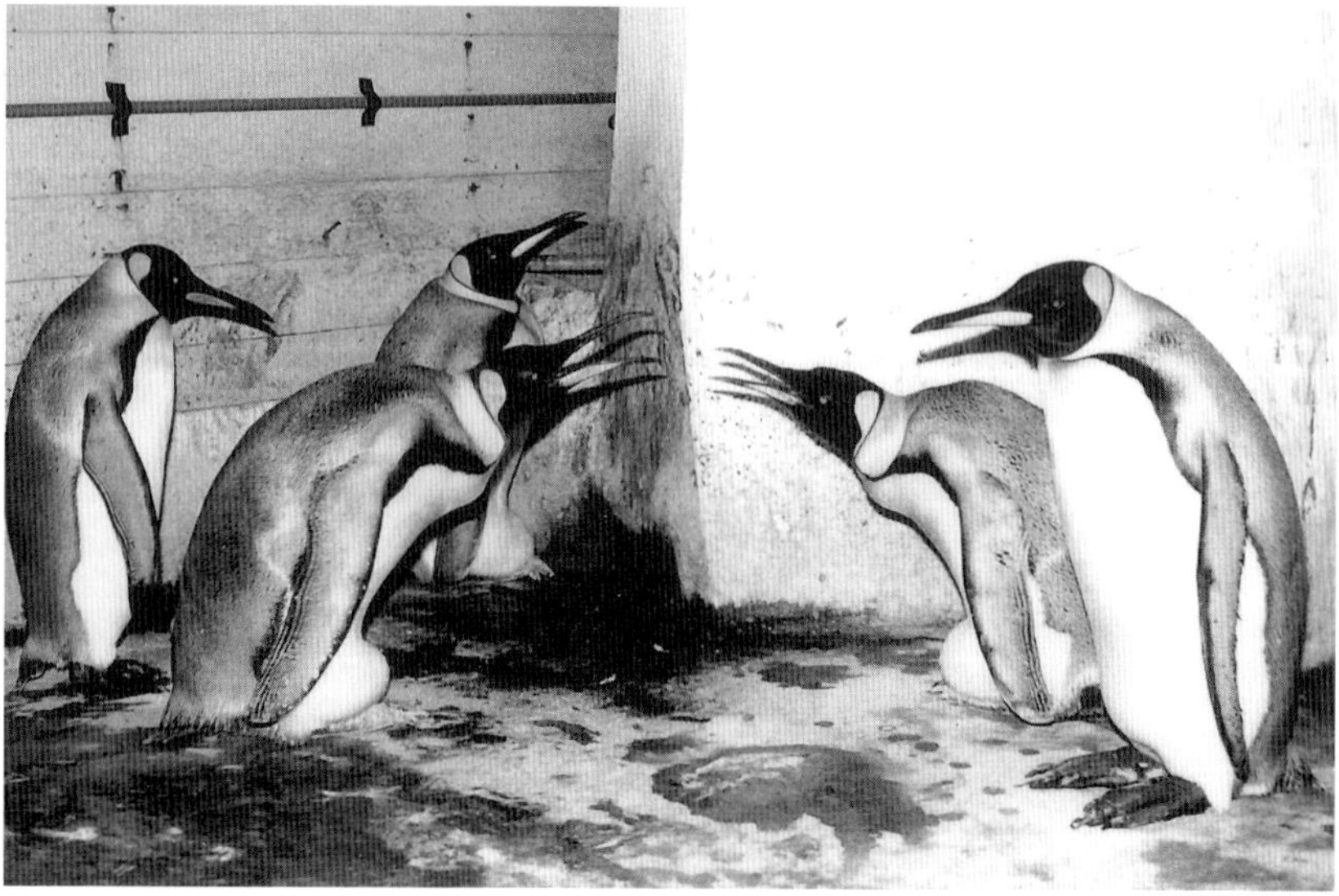

抱卵中の3姉妹（2）抱卵中のペンギン同士のこぜり合い

所でお互いに嘴の届かない範囲でテリトリーをつくります。

昭和50年（1975）9月、ミニ・コロニーを見ると昨日までの抱卵場所の位置が代わっているのです。部屋のもっとも隅の特等席は、昨日までペルの場所だったのですが、ペギーと抱卵を交代した極夫が入れ代わっていました。おそらく極夫がむりやり居座ったのでしょう。極夫のあとにはエンビが入り、ペルは1メートル離れた場所へ移動していました。その脇はほかのペンギンたちが動き回りますので、気が休めない場所でペルには気の毒でした。

産卵、抱卵のペアが相つぐ

いさむ・エンビ組が抱卵中のことです。いさむはエンビが長い間卵を抱いていたので、交代しようと思ったのでしょう。いさむは嘴で抱卵中のエンビの下腹部をさわったり、自分の下腹部も気にしていました。エンビはいさむのサインに従って、大切な卵を床上にゆっくりと出しました。周囲にいたペンギンたちはその周りに集まり、盛んに鳴き声を張りあげ始めました。いさむは卵を嘴で受け取り何回も抱卵のうへ入れようと試みますが、気をもみそこの部分が下りないので卵を抱くことができませんでした。抱卵交代のタイミングが合わず、とうとうエンビは業を煮やし万一のことを考え、また元の鞘に収めてしまいました。

ある年も室内では3組のペアが同じ時期に抱卵中でした。室の片隅では極夫・ペギー組もその仲間でした。朝、室内へ入って見ると驚きました。ペアの極夫とペギーが接近して同じような抱

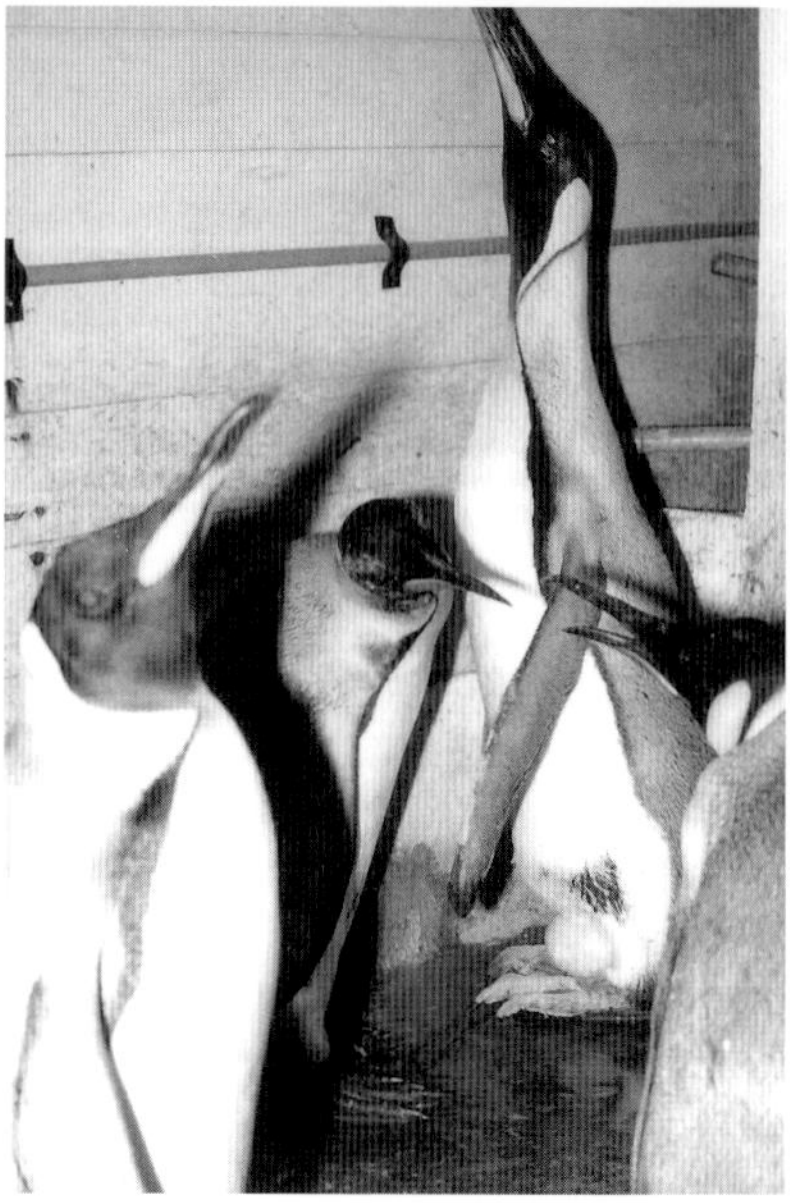

（上）抱卵中の3姉妹（3）パートナーが揃って陣中見舞に　昭和50年9月26日
（右）野次馬が近寄れば必死に守る

両年における抱卵ブーム

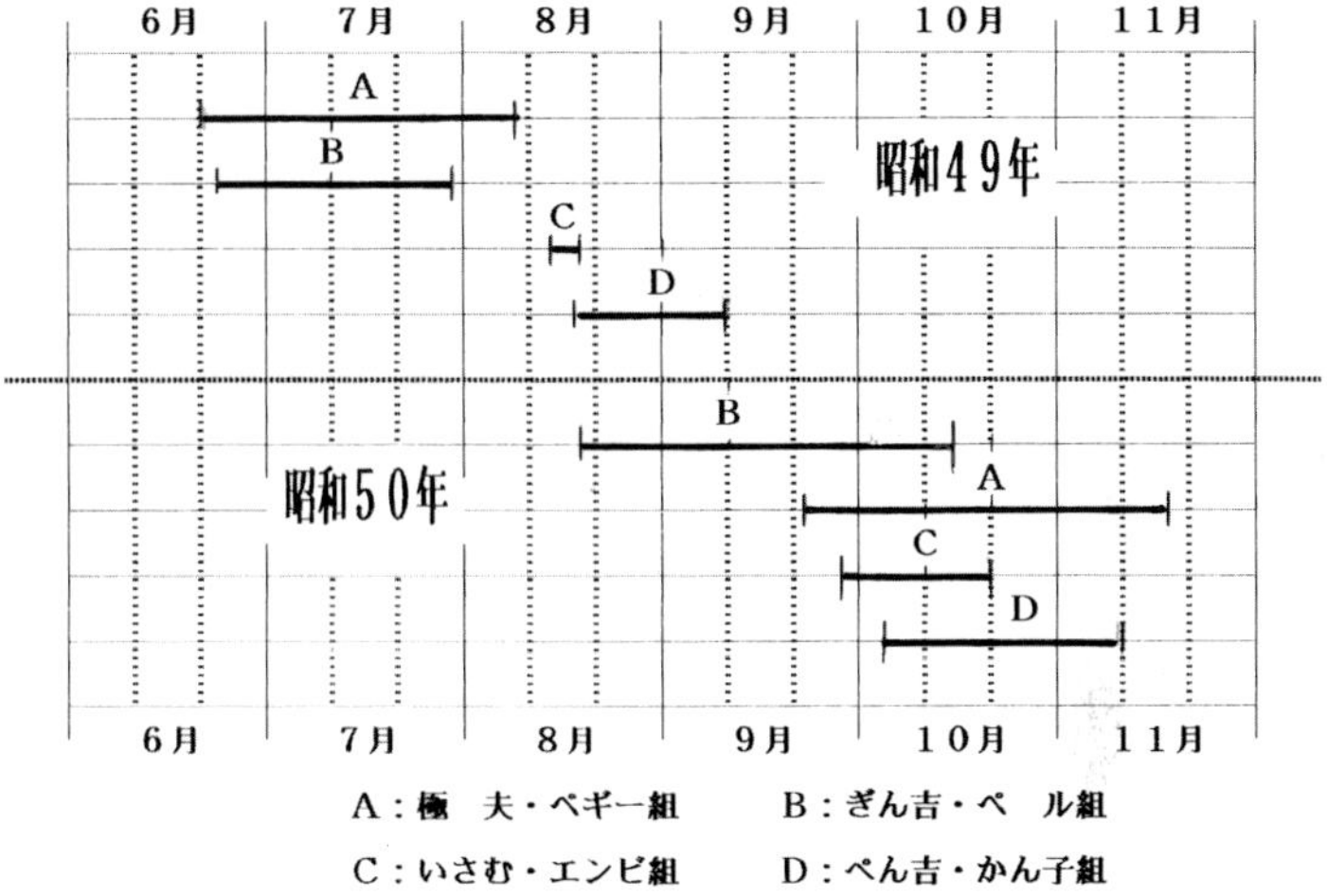

卵姿勢をしているので、卵はどちらが抱いているのか迷いました。しかし1時間たった時ペギーが歩き出したのです。卵は極夫が抱いていたのです。ペギーが極夫を励ますためにとった行動だったのでしょうが、それにしても人騒がせなことでした。

昭和51年（1976）7月31日にかん子・ぎん吉のペアが産卵し9月26日に2世がふ化しました。ふ化日数は58日間でした。〝リーザ〟と名付けられましたが、10月14日に死亡しました。生存日数は19日間でした。年毎に意外な出来事など繰り返しながら、月日は流れて行きました。一日も早く3世が誕生するよう願って毎日を過ごしました。

ある年も9羽のうち、前後して4組が抱卵し、産卵ラッシュとなりました。華やかな空気のなかで、ペンギン室の出入り口の扉には、係員の手によって、祈りを込めて墨で黒黒と大書された1枚の紙が張られました。

〝3世ペンギンは　われわれの手で〟

飼育員　一同

昭和52年（1977）7月30日にペル・ぎん吉組が抱卵を開始しました。1日遅れて31日にはペギー・極夫組が抱卵を開始しました。

ペギー組の卵は一足早く9月22日にふ化して、朝の6時半頃に、ヒナはかぼそい声で第1声を挙げました。しかし親からの口移しの給餌のタイミングが合いません。やっと1回目の親からの給餌はかなり遅れて午前9時頃になりました。親は給餌を10～12回ほど行いましたが、不十分のようでした。その後もヒナはか細い声で餌ねだりをしますが、親の反応は鈍く午後5時以降はヒナの鳴き声は聞かれませんでした。

5日後の体重測定では170グラムと小さく、無意識のうちに親から踏まれたのか、腰部にはかなり深い外傷がありましたので、消毒したあと薬を塗布しました。親からの給餌は十分でないため、人工哺育に切り替え、定めた時間毎に細かく切ったアジ肉の差餌をしました。初めて3世の誕生が実現したので期待されましたが、ふ化後7日目で死亡しました。まだ名付けもないまま、息を引き取ったので残念でなりませんでした。

左よりペギー（抱すう中）、エンビ（抱卵中）、ペル（抱すう中）ぺぺふ化当日　昭和52年9月24日

待望の3世誕生

久しぶり誕生した3世ヒナ第1号と第2号

ペギーがヒナを誕生させた2日後の昭和52年9月24日に、ペル・ぎん吉組に長い間待ち望んでいた3世のヒナがめでたく誕生しました。ふ化日数は57日間で、わが国で3世第1号（のち長期飼育）として繁殖したのです。このペンギンは〝ぺぺ〟と名付けられました。昭和44年に第4子が生まれてから悲喜こもごもなエピソードなどを繰り返し、待望の3世誕生の夢が8年ぶりに実現したのです。大阪、長崎、神戸で繁殖してからのことで、長期飼育されたヒナとしては国内第7号の繁殖となりました。

24日朝1時50分にふ化し、1回目の親からの口移しの給餌は約4時間半後でした。その後の成長も順調で、25日目には1200グラム、31日目には1900グラムで、翼長12・5センチ、嘴長2・3

頭隠して　ひと眠り

親に寄り添い眠るペペ　ふ化後30日

親のそばでのくつろぎ　さあ眠ろうか

お腹すいたよ　餌ねだり

センチ、身長30センチとなりました。ぺぺはそのあと長く生存しました。

昭和54年（1979）には3女エンビ・極夫組に、3世でわが国繁殖第2号（のち長期飼育）となる〝ミミ〟が3月31日に誕生しました。ぺぺが生まれてから1年半ぶりのことでした。冬季の誕生はとても珍しいことです。ふ化日数は58日で、平成9年8月まで生存しました。

寒冷季にあたるので昼間は屋外飼育中でしたが、ペアは食欲不振となり、一方求愛行動は活発でしたので産卵も近いと判断し、このペアだけは屋外での飼育を見合わせていました。

交尾は夜間におこなわれ、腹部と背中の汚れで確認

オウサマペンギンの交尾は主に夜間に行われますので、ほとんど確認されていません。翌朝にペンギンの姿を見て、メスの腹部と背部が汚れていれば、間接的に行為が行われたことを知るのです。当館では3例とも、その状態を確認してから7日後に産卵したことが分かりました。

エンビ・極夫組はミミを産んだ同じ年に2回目の産卵をしましたが、産卵後26日目に破卵しました。

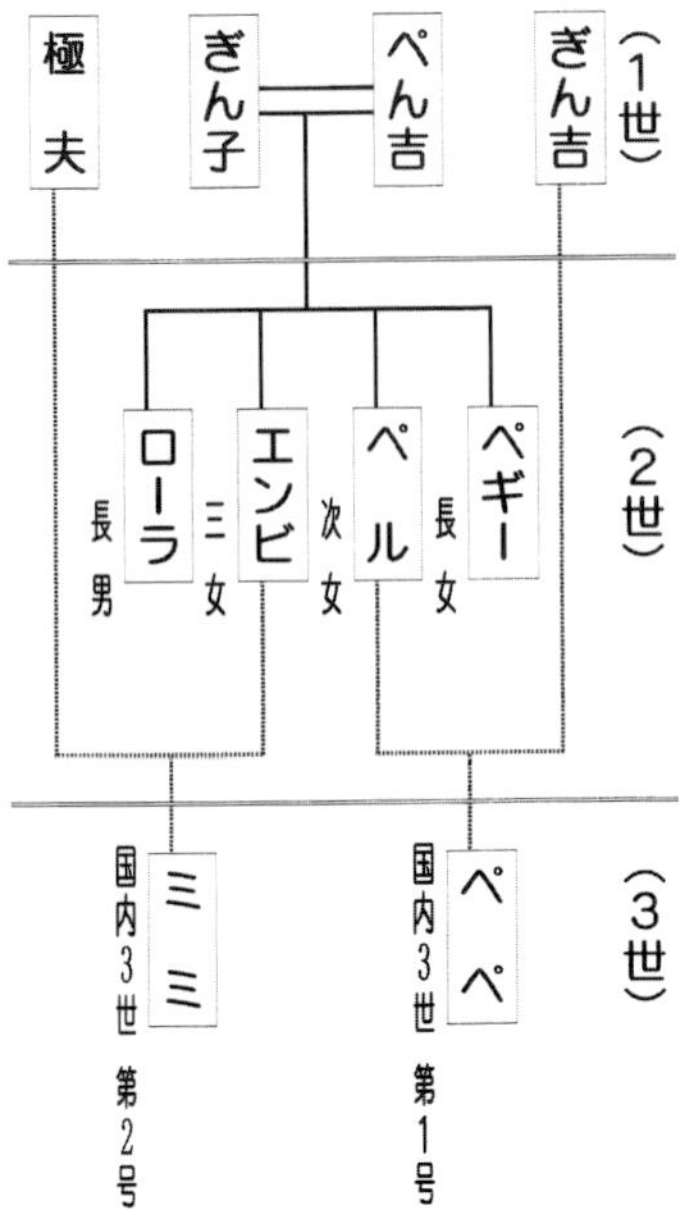

ぺん吉･ぎん子ファミリーの系図（2）

上野動物園長を長く勤められたあと、当

いつも仲良し　フジに寄り添うペペ

時東京動物園協会理事長の古賀忠道先生は筆者著の『ペギーちゃん誕生』の序文のなかで、「動物園などでの動物の繁殖は、その3代目が産れるようになれば、立派な成功です」との述べられていますが、まさにそれが実現したのです。

捕鯨関係の船舶によってわが国へ渡来した極地ペンギンをもとにして、3代の累代繁殖に成功したのは、長崎水族館のオウサマペンギンが最後で、国内唯一のことです。

日本初の3世の命名について報道各社の新聞記事の見出しは次の通りです

昭和53年1月9日

読売新聞　（いずみ）

長崎新聞　ペペです　よろしく　ペンギン3世に名前

西日本新聞　ペペちゃんです、よろしく　ペンギン3世命名式

朝日新聞　オウサマペンギン3世はペペちゃん

毎日新聞　「ぺぺ」です、よろしく　オウサマペンギンの名決まる

昭和40年から54年までの15年間におけるオウサマペンギン8羽についての繁殖状況を総括すると次の通りです。

産卵数42例のうち		100%
確認された有精卵数	14例	33・3%
うち　中死ヒナ卵	3例	7・1%
うち　ふ化数	11例	26・2%
（ふ化数11例のうちわけ）		
長期飼育された数	6例	14・3%
ふ化当日に死亡した数	2例	4・7%
7日間生存した数	1例	2・4%
58日間生存した数	1例	2・4%
76日間生存した数	1例	2・4%

産卵数42例のうち有精卵は14例（33・3%）で3個のうち1個、ふ化数は11例（26・2%）で4個の卵のうち1羽がふ化したことになります。また長期育成した数は2世4羽、3世2羽の6例（14・3%）で7個の卵のうち1羽が長期育成したことになります。2世の3姉妹の初産卵は3歳

から5歳のときで、うち2姉妹は前述の通り4歳と5歳のとき有精卵を初めて産みました。末子で雄のローラは生後2年で死亡したのでペアの形成はありませんでした。

1世のオスの極夫は昭和37年4月に入館したときは0歳のヒナでした。その後成育して初めてペアを形成したのは昭和42年6月で5歳でした。

昭和40年から15年間の記録によると有精卵は14例で、うち1世同士のペアによるもの7例、残りの7例は1世・2世のペアによるものでした。2世のペギーは2回目の卵が初めての有精卵で通算3例、ペルは初回の卵が有精卵で通算3例、エンビの有精卵は6回目の卵のみの1例でした。

栄光のかげに

ピピーの生存は76日間

毎年夏が近づいて、繁殖期を迎えますと、大体決まったパターンですが、それぞれのペアの抱卵場所は毎年変わらず定まっていて、その領域は屋内飼育室の片隅の狭い面積の範囲内にあり、互いの領分は競合して近接しています。そのなかで3、4組のペアが交代で、一生懸命に抱卵を続けますが、昭和44年以来、なぜかヒナの誕生はありませんでした。しかし、昭和52年（1977）と54年に3世が誕生しました。その後も幾つかの出来事がありました。

しまった！　残念にも破卵しちゃった

ペンギンに限らず動物の繁殖は何時も順調に進むとは限りません。無事に繁殖しても、その後の成育が悪く短期間で死亡する例もあり、栄光のかげには挫折もあります。昭和52年にペペが誕生したあとにも、いろいろなことがありました。

昭和53年（1978）9月14日、ペル・ぎん吉組が産卵して抱卵交代は5～7日で不定でしたが、ふ化の直前の3日間は毎日抱卵を交代しました。11月7日に卵殻に小穴が見られ、40時間後には卵からヒナの嘴が見え、11月9日の午後9時に、ふ化は完了しました。ふ化日数は57日間でした。口移しの給餌はほとんどペルで、2、3時間毎にヒナへ与えました。〝ピピー〟と名付けられましたが、成育が順調でなく惜しくも54年1月23日に息を引き取りました。生存期間は76日間でした。

昼夜を問わずの手当ても無になり残念

昭和55年（1980）1月8日にペル・ぎん吉組は季節外れの産卵をしました。ふ化の予定日を過ぎて気がかりでしたが、56日目の3月3日の朝9時、卵の一部にひび割れを発見しました。午後6時に割れた箇所から翼らしいものが見受けられましたので、親から卵を取り上げました。係員が慎重に卵殻を外して、ヒナの嘴打を手伝いましたが、ヒナはまもなく死亡しました。卵殻と卵膜が固く、自力で割ることが出来なかったのです。体重は171グラムで未熟なヒナは嘴打に失敗したものと思われます。

昭和55年7月23日にいさむ・かん子組が産卵しました。9月15日朝、卵殻に小さい穴が開き、内からか細い声が聞こえました。16日、いさむの腹中に手を入れると、奥にヒナがいました。9月22日にはヒナの体重は210グラムでした。24日　228グラム、29日　310グラムでした。ヒナへの人手による給餌は朝10グラム、夕刻に9・5グラム、23時に8グラムを与えました。10月2日、20時から21時の間に死亡を確認しました。体重は308グラムで生存期間は17日間でした。昼夜を問わず係員の交代での手当も無になり残念でした。

第五章
懐かしき友よ

ファミリーは賑やか

3世まで生まれ賑やかに

長崎水族館におけるぺん吉・ぎん子のファミリーはじめオウサマペンギンの飼育状況は別表の通りです。

昭和40年には1世のぺん吉とぎん子の間に国内繁殖第1号のペギーが生まれ、さらに翌41年から44年にかけて3羽が生まれました。昭和52年には2世のペルに3世では国内繁殖第1号となるペペが生まれました。54年には2世のペギーに3世第2号のミミが生まれ、ファミリーは賑やかになりました。

ぺん吉一家の親子の家族構成は父親ぺん吉、母親ぎん子、長女ペギー、次女ペル、三女エンビ、末子の長男のローラの6羽です。

ペギーはおっとり型で、単独行動をとり壁面に向かって静止することもありました。ヒナの時から極度に水浴嫌いで強制して池で泳がせても水浴することを好まず、すぐ上がってしまいます。行動は不活発で園内散歩のときは常に最後尾を歩行しました。しかし寒冷季の屋外飼育のときの馴致調教の折りには行動的になり、「台乗り」は先頭に立ち「飛び込み」のフォームは綺麗でした。給餌のときは後ろを右往左往しながら遠慮気味に採食しました。

ローラは行動派で積極的に機敏に活動し、係員が床掃除をするときには「後追い」をして、「嘴

オウサマペンギンの飼育期間

掲載順序は死亡時期の順になっています。

※ 1　1世については入館年月日　2世・3世については繁殖年月日

※ 2　1世については飼育期間　2世・3世については死亡時の年齢

◉ 1世　□ 2世　★ 3世　極夫は入館時は0歳児でした

	愛称名	世代別	※1 入館年月日 または 繁殖年月日	死亡 年月日	※2 飼育期間または死亡時の年齢
◉	なみえ	1世	昭和37・4・24	昭和41・10・7	4年 5カ月
◉	ぎん子	1世	37・4・24	45・5・8	8年 0カ月
□	ローラ	2世	44・8・16	47・7・7	2歳10カ月
◉	かん子	1世	37・4・24	58・5・28	21年 1カ月
◉	南子	1世	37・4・24	61・10・4	24年 5カ月
◉	ぺん吉	1世	37・4・24	61・11・2	24年 6カ月
□	エンピ	2世	42・8・19	62・1・23	19歳 5カ月
□	ペル	2世	41・8・12	62・6・20	20歳10カ月
◉	極夫	1世	37・4・24	63・8・19	26年 3カ月
□	ペギー	2世	40・9・2	平成5・2・27	27歳 5カ月
◉	いさむ	1世	37・4・24	8・8・30	34年 3カ月
★	ミミ	3世	54・3・31	9・8・28	18歳 4カ月
◉	ぎん吉	1世	37・4・24	14・2・11	39年 9カ月
★	ペペ	3世	52・9・24	24・8・20	34歳10カ月

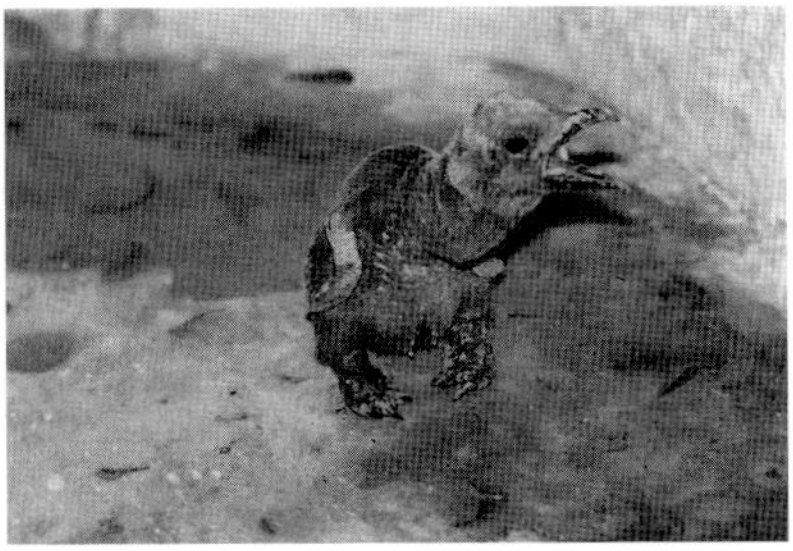

（上右）単独行動を始めたリーザ　ふ化後18日目
（上左）エンピ計量も日課の一つ　ふ化後40日目
（下）エンピ黒いダルマさん　ふ化後40日目

つつき」を盛んにしました。給餌のときは定位置をあまり動かず、係員の大腿部にアザをつくる程に強くズボンを嘴で突いて餌ねだりをします。屋外での馴致調教には興味を示し、園内散歩の折りには常に2世グループの先頭を歩きました。

給餌のあとは魚肉の汁が羽毛などに付着するので必ず水浴をさせます。ペンギンたちは自主的に池に入り、体を回転させながら入念に洗羽

何を語り合うのか　フジのそばに集うペンギンたち

ぺん吉とぎん子ファミリーの飼育状況

1世ペンギン　ぺん吉　ぎん子
2世ペンギン　ペギー　ペ　ル　エンピ　ローラ
3世ペンギン　ペペ　ミミ

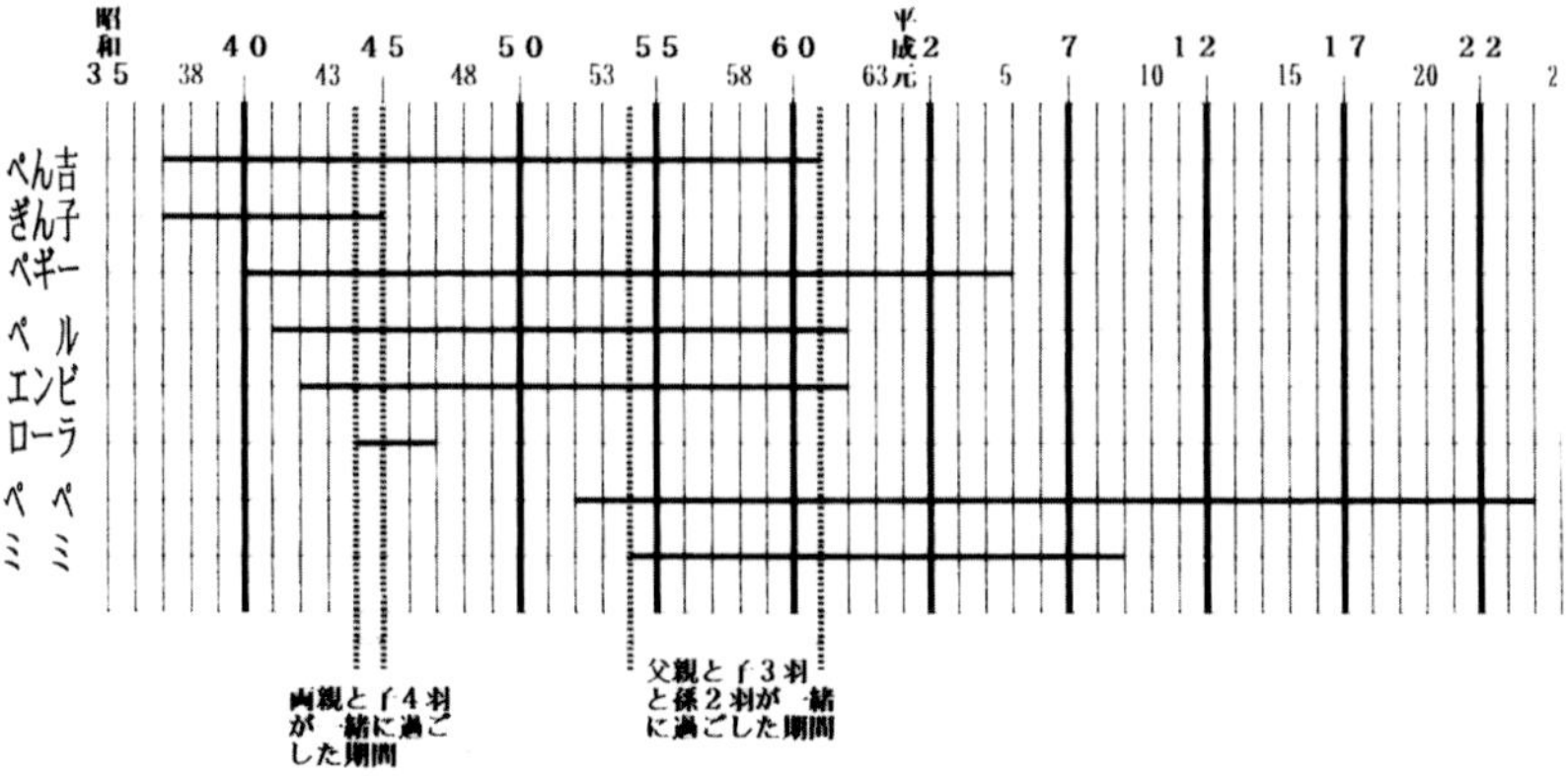

します。ペギーは成鳥になっても水浴嫌いは変わりないようでした。

ペルとエンビはおっより型のペギーと、行動派のローラの中間的な普通の性格をしたペンギンでした。

50年におよんだ南氷洋ゆかりのオウサマペンギン飼育

ぺん吉・ぎん子の子どものうち長男のローラは早死にしましたが、あとの3姉妹は長生きしました。家族はぺん吉、ぎん子と4羽の子どもと2羽の孫の8羽の3世代のファミリーと、それに2世の夫の極夫とぎん吉の10羽です。両親と子ども4羽が一緒に暮らしたのは1年間でしたが、父親と子ども3羽と孫2羽のファミリー6羽が一緒に暮らした期間は昭和54年（1979）から61年までの7年間でした。

平成24年（2012）8月、ぺぺが死亡しました。これで南氷洋から捕鯨関係の船舶によってもたらされたペンギンに血縁のあるペンギンは国内で皆無となりました。南氷洋ゆかりのオウサマペンギンの長崎での飼育は昭和37年の入館にはじまり、3世のぺぺが死亡して終わり、その間50年の節目の年月が流れていました。

長崎水族館に入館した時のペンギンの年齢は不明ですから、死亡時の明らかな年齢は分かりませんが、大多数のペンギンは可成の高齢まで長崎の地で生存したことには間違いありません。生息地では20年以上生きた記録はありますが、多くのペンギンがそんなに長く生き延びるわけではないようです。自然の厳しい条件下の生活と異なり、動物園や水族館での飼育は環境条件や飼育

ペギー　ふ化後73日目　左よりペギー、両親

家族は増えた　ペル　ふ化後35日目　左よりペギー、父、母、ペル

家族は更に増えた　エンビ　ふ化後40日目　左より母、エンビ、父、ペル、ペギー

手段などが整えば別天地となるでしょう。毎日天候に左右されず定刻には手軽に給餌が受けられますので、飼育期間が長くなり、生息地での寿命よりも長く生きられるのかも知れません。

長老のフジ

南氷洋からやってきた3羽のうちのコウテイペンギン

昭和21年（1946）に再開した南氷洋捕鯨は、昭和35年（1960）に最大の船団出漁となりましたが、昭和40年（1965）以降は減船を迫られ、捕鯨の規制強化に伴って、昭和45年（1970）頃から終息に向かいました。1950〜60年代にかけて、南氷洋捕鯨関係の船舶によってもたらされた極地ペンギンが、各地の動物園や水族館に渡来しましたが、その後は南氷洋からのペンギンは途

3代が揃った　ペペ　ふ化後43日目　左より母、ペペ、父、ペギー

絶しました。フジは長崎に最後に来たペンギンとなりました。

フジは昭和39年（1964）3月28日、大洋漁業の捕鯨母船「第2日新丸」によって、南氷洋から運ばれた3羽のうちの1羽で、東京と福岡間は空の便で、福岡から長崎までは陸送で29日に着きました。早速予備室へ入れ、病気予防のため、オウサマペンギンの時と同じ方法の処置を実施しました。

コウテイペンギンは身長100センチから130センチ、体重は35キログラム前後で、次に大きいオウサマペンギンより一回りも大きいペンギンです。18種といわれる種類のなかで、両種は1個の卵を産み、立ち姿のまま卵を温めます。南極で繁殖するのは、コウテイペンギンとアデリーペンギンの2種だけです。

威風堂々、貫ろく十分のフジ

フジは最も大きい体格ですが、たいへんおとなしく同居中のペンギンたちとの間にも、排他的な気性は全くなく、みなと仲良く暮らしました。前述の通り昭和40年にペギーが生まれて一人歩きが出来るようになったとき、フジのお腹の中に入り込み係員を慌てさせた時がありました。決していたずらしたわけではなく、好意に満ちた可愛いさのあまりとった行為だったと思います。ペギーもよほど居心地が良かったのか、同じ行動を繰り返したのでしょう。

紳士の食欲

寒冷季のあいだアザラシ池でのゴマフアザラシとペンギン達との同居生活は、双方にとって無理かと心配しましたが、数の力に圧倒されたのか、ペンギンたちが泳ぎはじめますと、主客転倒して、アザラシは早速陸地へ上がってしまいました。名に恥じず行儀の良さでは定評のあるフジでしたが、アザラシへの食事時間になると、池中に投げ入れられた鮮魚のアジめがけて、ドブンと飛び込んでアザラシへの餌を横取りすることが次第に多くなりました。それからは2人の係員が、同時に両者に給餌するようになり事は一件落着しました。

当初フジは昼間は「冬の家」で生活するため、100メートル先のアザラシ池まで往復の道のりを、皆と一緒にパレードをしていました。フジは増えた体重の重みを足にかけて、体を左右にゆらりと動かしながら後からゆっくり歩きましたが、とうとう片足の調子が悪くなりました。そのため、ほかのペンギンたちが昼間アザラシ池にいる間は、オウサマペンギンのヒナと留守番をすることになりました。夕方ペンギンたちが戻って来たときには、必ずペンギン室の前を通りますので、フジの目に止まります。

フジは待ちかねたように、直ちに観覧窓側のステージにかけ上がり、「クル、クル」と声をかけます。ペンギンたちは室内に戻ってから、高らかに互いに鳴き比べして歓声をあげ、それに答えてフジは「クル、クル」と高鳴きしながら、再会を喜び、暫らくの間は鳴き声の交歓をしました。

「南極の氷」のプレゼント

昭和42年（1967）10月には、長崎港に入港した南極観測船「ふじ」が持ち帰った「南極の氷」がプレゼントされ、極地ペンギンたちは思わぬ故郷からの贈り物に大喜びしました。当時長崎は異常渇水で水不足が深刻化していたので、長崎市に贈られた氷は雨ごいのため水源地に投入されたとか。残りを市の特別の配慮で、南極に縁深いペンギンたちにも、お裾分けして下さったのです。特に船名と同じ名のフジにとっては、感無量だったでしょう。まだ見たことのない南極の氷を目にして、長崎生まれの3羽の2世たちは、どんな反応を示したでしょうか。いろいろ思いにふけり時間の過ぎるのも忘れていたので急いで帰る途中に1粒、2粒の雨が肩に落ちたような気がしました。

昭和52年（1977）10月、ペペが順調に成長して親のお腹から出て、単独行動をとるようになった頃、ペペは両親のそばを離れてフジのそばに寄り添い、一日の大半を過ごすようになりました。初めは両親もとまどっていましたが、あきらめて親に代わってペペの子守役をフジに任せました。

フジ長期飼育記録達成のお祝い　昭和56年

その間もペペへの親の口移しの給餌は順調に行われました。ペペは大きくなってからもフジとの仲良し関係は続き、フジの傍を離れず後を追う行動がよく見られました。

お化粧直し

繁殖期になり親がヒナを抱いていた場合には、更に緊張は高まります。親は定まった領域で壁に向かって不動の姿勢で抱すうを続けますので、係員はヒナの観察が出来ません。苦肉の策として、壁の上部に鏡を下に向けて取り付けたところ、ヒナの姿が鏡に写り、これでヒナの動静がよく分かるようになりました。

コウテイペンギンのフジはどうした事か、何時の間にか鏡の前に立ち、そこを動こうとしません。鏡の前では、体を左右に向けたり、羽づくろいをしました。それを見た観客は、「あれ、あのペンギンはお化粧直しをしてるのかしら……」と、笑いながら通り過ぎました。その会話を聞き、「本当に、そうかも知れない」と独り言をつぶやき、係員は苦笑しながら真剣に観察を続けました。

フジは昭和52年（1977）6月から15年間、国内でただ1羽のコウテイペンギンとなり、56年7月にはこれまで国内でのコウテイペンギンとしては、最も長い飼育期間、17年3ヵ月の記録を更新しました。亡くなった時の飼育期間は28年5ヵ月で、これまでの記録を11年以上も大幅に更新する大記録をつくりました。

フジ　飼育20年記念のお祝い　昭和59年（1984）

フジ　飼育25年記念　足形の色紙　平成元年（1989）

昭和59年春には、フジの飼育満20年という大記録を祝って、「ペンギンまつり」が盛大に開催され、記念式典ではフジに「南極の氷」がプレゼントされました。

それから2ヵ月後に鹿児島県徳之島に住む、長寿世界一の泉重千代翁から、署名入りの手形が届きました。翁の長寿を祈願し、フジの飼育20年を祝して作成したフジの写真と足形の色紙を、差し上げていましたところ、そのお礼として届けられたものです。

フジは多くのペンギンたちのリーダーとして、皆から祝福されながら、長生きを続けました。食事の時も控え目で、最後の順番になって給餌を受けるなど、何時も物静かな行動をとり、同居中のペンギンたちと仲良く暮らしてきました。数年前から白内障を患い、体力的には幾分衰えが見られましたが、ほかに病気はありませんでした。

平成4年8月23日頃から、体力の消耗を伴う換羽の兆候が見られ、いつものように食欲は半減し、28日の午後から床上に腹ばいになってしまいました。午後10時過ぎに当直の係員が見回りにきて、ガラス越しに懐中電灯を当てても反応がなかったので、直ちに室内に入り背中に触れると、すでに冷たくなっていました。死因は老衰と思われます。

フジは平成4年月8月28日に大往生しました。人間で言えばゆうに百歳を越えた年齢と推定されました。

フジの死はマスコミにも広く取り上げられ、国内各地の多くの人々から、その死を悼み、たくさんの電話や手紙が寄せられました。フジの遺影の前に置かれた「一言ノート」には、フジの思い出と、優しい気持ちがあふれた数々の追悼の言葉が綴られていました。

フジの死亡について8月30日の報道各社の新聞記事の見出しは次の通りす。

・読売新聞　　国内でただ1羽　コウテイペンギン死ぬ　人間なら100歳

・毎日新聞　　コウテイペンギン逝く　最高齢　絵本主人公にも

・西日本新聞　「フジ」ちゃん死んじゃった　最長飼育28年5カ月

・朝日新聞　　アイドル生活28年5カ月　絵本でも人気

・長崎新聞　　「100歳」フジ　安らかに　人気集めた28年5カ月
　　　　　　　大往生の「ラストエンペラー」

・日本経済新聞　ペンギンの「フジ」大往生　飼育記録世界一

9月20日には「フジのお別れ会」が執り行われました。フジの遺影の前には、「南極の氷」や、好物の新鮮なアジが供えられ、ファンからも多くの花束が献花されました。地元の幼稚園児が思いをこめて、「ペンギンの歌」を合唱し、最後に園児や家族連れの参加者全員が、元気だった頃の姿を偲びながら献花して、永遠の別れを惜しみました。

筆者も残されたペンギンたちの心情を思いペンギンたちに代わり「フジちゃん、長い間お世話になり有難うございました。今後は残されたペンギンたちがすくすくと育って長生きするよう、天国から温かく見守ってください。フジちゃん、安らかにお眠りください。さようなら、フジちゃん。」とフジの冥福を祈ってやりました。

死亡後フジは、はく製にして残すことになりました。死亡時にはちょうど換羽中のため一部で羽毛部の状態が良くないので、丹精込めて1本、1本、丁寧に羽毛の付根に接着剤をつけて、皮膚に接着しました。根気よく作業を続けて、はく製は出来上がり、いま新水族館のペンギン資料室に展示してあります。

世界一のぎん吉

ペアを組んでもなかなか誕生にいたらず

昭和37年（1962）4月24日にぎん吉はじめ12羽のオウサマペンギンが長崎へ来ました。昭和40年（1965）以降は1世同士や1世と2世ペンギンのペアができ、毎年ペンギン室は賑やかになりました。そのうちぎん吉・ペル組は昭和47年（1972）以降は毎年ペアを組み産卵しましたが、50年までの4年間の記録では、それぞれ30日目から60日目までに破卵が確認されています。

ぎん吉は嘴の中央の凸部が目立つペンギンです。前述の通り次女のペルはぎん吉と結婚して昭和47年（1972）7月1日に、初めて産卵しました。このペアはオス、メスで交代して抱卵を続けましたが、小型ペンギン同士のちょっとしたトラブルの巻き添えを受けて、破卵してしまいました。

抱卵後30日目でしたが有精卵でした。「死ごもりヒナ」の両眼は大きくて張り出し、両足には指も出来上がり、すでに両翼も形成されていました。ぎん吉・ペルのペアには3世誕生の夢が託されました。

昭和49年（1974）にはとうとう9羽のうち4組ものペアが産卵して、産卵ブームとなりました。そのうち同じ時期に近くの場所で、2組のペンギンが抱卵しましたが破卵し失敗しました。期待の昭和50年（1975）も、順調にすませた換羽のあと、9羽のうち前後して4組のペアが出来ました。

まず、初名乗りをあげたのはペルでした。8月17日朝、例年通りペンギン室の片隅で、すっかり指定席になっている場所で産卵しました。交代の時期になりぎん吉は傍まで陣中見舞には来るのですが、一向に交代する気配はありません。とうとう8月中はこの1組で終わりました。9月27日朝、特等席だったペルの席は極夫と代わっていました。

10月15日に、一縷の望みも失い、卵を強制的に取出しましたが、すっかり「張り子」の卵になっていました。卵の中身はいつ流失したのか分かりませんが、ふ化する望みのない卵を長期にわたり抱卵していたのには感心しました。本能のおもむくままとはいえ、その執念にはすっかり兜を脱ぎました。2世ペアの3組に、3世誕生の夢を託して、この年も繁殖期は過ぎました。

「ぎん吉の長寿を祝う会」

歳月は過ぎ昭和52年（1977）は記念すべき年になりました。前述の通りペルは昭和52年7月30日に産卵し、ぎん吉・ペル組はとうとう念願の3世ペを誕生させたのです。長期飼育された3世としてはわが国第1号となりました。

ぎん吉・ペル組のペルは翌年も9月14日に産卵し、11月9日にヒナが誕生しました。〝ピピー〟と名付けられましたが、短命で54年1月23日に死亡しました。

昭和56年（1981）10月には、ぎん吉などオウサマペンギンの仲間6羽は、19年5カ月という国内最長飼育記録を更新して話題を呼びました。仲間のいさむが平成8年に死亡した後はぎん吉のみとなりました。

長崎水族館が閉館したあと、平成12年（2000）4月29日には10年4月に設置された「長崎水族飼育会」によって、第3回の「ペンギンと遊ぼう会」が開かれました。当日はぎん吉の世界一の長寿を祝う会でもありました。調査の結果、ぎん吉は飼育されたオウサマペンギンとしては、

長期飼育記録達成のぎん吉と仲間たち　昭和56年

「ペンギンのふるさと・南極フェアー」　昭和59年

世界一の長寿であることが判明しました。その後も毎日元気で仲間と仲良く暮らしながら、更に長寿記録をのばしました。

晩年はフジ同様に白内障のために目が不自由になりましたが、健康状態はいたって良好でした。食欲もあり、骨抜きのアジの切り身を与えるなど飼育には気を配っていました。

平成13年（2001）9月15日の敬老の日には「ぎん吉の長寿を祝う会」が開催され、飼育39年のお祝いに小学生から花束などのプレゼントが贈られました。

「ぎん吉の長寿を祝う会」について翌日の報道各社の新聞記事の見出しは次の通りです。

・長崎新聞　「これからも長生きしてね」〝最長老〟ぎん吉　上機嫌　長寿を祝う会
・毎日新聞　（雑記帳）
・朝日新聞　「長寿世界一」ペンギン祝福　ぎんちゃんもっと長生きしてね
　腹八分守っています
・西日本新聞　（超短波）
・読売新聞　長寿ペンギン「ぎん吉」元気！　敬老の日　祝う会

翌14年（2002）4月にはぎん吉は飼育40年という大きな節目の年に当たりますので、盛大な催事が計画されました。

その2カ月前の2月11日夜に、ぎん吉は残念なことに、老衰のため、天寿を全うして静かに息を引き取りました。飼育期間は39年9ヵ月でした。昭和37年に入館したときは、すでに成鳥でしたから、年齢は不明ながら40歳をはるかに越えていたことは明白です。

ぎん吉は長崎水族館のペンギン飼育史上に36年の歴史を残しました。そのあと閉館後は「長崎水族館飼育会」で3年間飼育された後、新水族館でも9ヵ月間飼育されました。

2月16日には「さようなら　長いあいだ　ありがとう」と、ぎん吉のお別れ会があり、県内外から多数のファンが集い別れを惜しみました。ぎん吉の思い出や別れの言葉を綴った手紙なども

敬老の日記念　ぎん吉の足形の色紙
平成13年(2001)

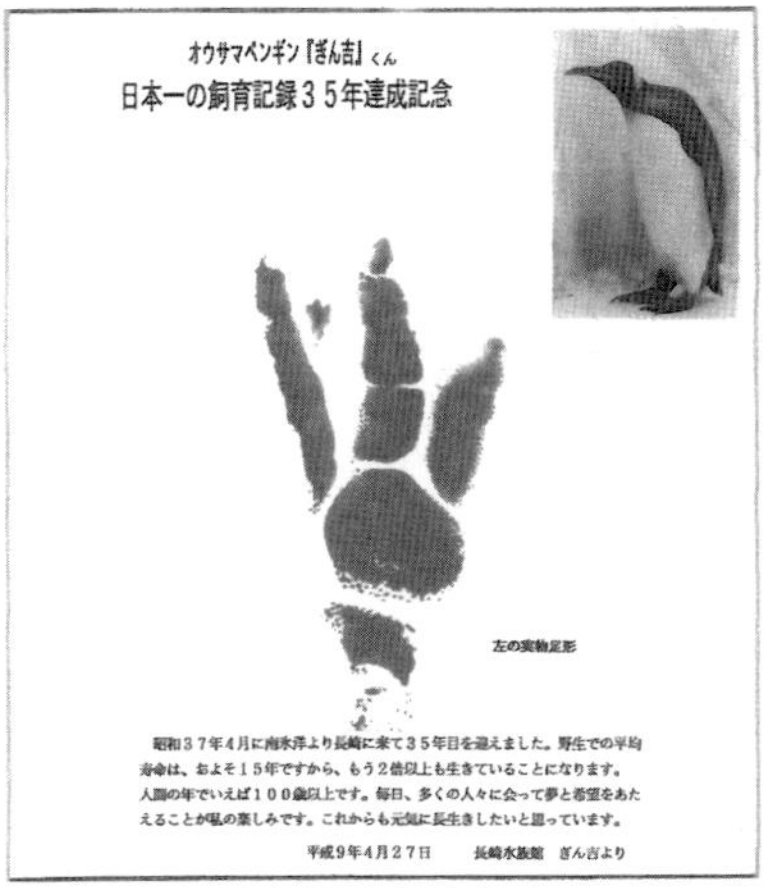

ぎん吉　飼育35年　平成9年4月27日

ぎん吉　飼育記録35年記念　足形の色紙
平成9年

たくさん寄せられました。数冊の思い出帳はイラストを添えたメッセージなどでうめつくされました。

ぎん吉ゆかりの品を

平成14年のある日、ペンギンに関するテレビ番組制作用の取材のため、レポーターとして男優のAさんが来館しました。Aさんは後日ペンギンのふるさと探訪のため、南の海まで行くということでした。南氷洋は、生前再び行くこともかなわず楽しかった思い出を残した、ぎん吉のふるさとです。この機会に、南氷洋への思いをかなえてやるために、ぎん吉ゆかりの品をAさんに預けることにしました。後日ゆかりの品は思いを込めて南の海に届けられました。一連のエピソードも織り込まれた映像はNHKテレビを通して全国へ放映されました。

世界最長飼育記録を大幅に更新して、長寿世界一となり、皆さんに親しまれてきたぎん吉ははく製にして保存されることになりました。ぎん吉の一周忌にあたる15年（2003）2月には、出来上がったはく製の除幕式がありました。式には子どものぺぺも参列しました。はく製のそばのボタンを押すと、録音されたありし日のぎん吉の鳴き声を聞くことができます。

ぎん吉のはく製はいま新水族館の館内1階の亜南極ペンギンプールの前にぺぺのはく製と一緒に展示してあります。

小型の極地ペンギン　左よりヒゲペンギン、マカロニペンギン、アデリーペンギン

小型の3種

餌やりにも順番がある

小型とはエンペラーペンギン属の種類とくらべてのことです。

長崎水族館には昭和34年（1959）8月に初めて4羽のヒゲペンギンが入館しました。さらに36年（1961）には3羽のアデリーペンギンが入館しました。両者はアデリーペンギン属に属し、わが国への渡来数はたいへん少なくて、大事にあつかわれた種類のペンギンでした。同年にはマカロニペンギンも入館しました。

極地ペンギンへの給餌はすべて手渡しですが、給餌を受ける場所は優位性に従っていつの間にか決まってしまったようです。採食にもっとも都合のよい前列が上位の位置で、円陣の端の方や後の方は下位の位

すべてにいき回るよう手際よく

餌のマアジ（上）は小型用の3枚おろし身

置となりました。小型種を除いたペンギンは、いつも定位置にいて、給餌のときはあまり移動しません。係員を取り囲む前列の円陣にはすべてオウサマペンギンが顔を揃え、そのやや後方にコウテイペンギンと2世のペンギンが陣取ります。小型ペンギンは最も後にいて、ペンギンの間に少しでも隙間ができると、前方へ出るために割込もうとしますが、徒労に終わることが多いようです。

係員も心得ていて、最初はオウサマペンギンに餌を与え、小型ペンギンなどには餌を後から与えるように心がけています。それでもオウサマペンギンのなかには、小型種に与える時にもまだ餌ねだりをするものもいます。王者の名に恥じずコウテイペンギンは落ち着きはらい、自分の順番が来るまで静かに待ちます。

給餌時にみられるペンギンの定位置

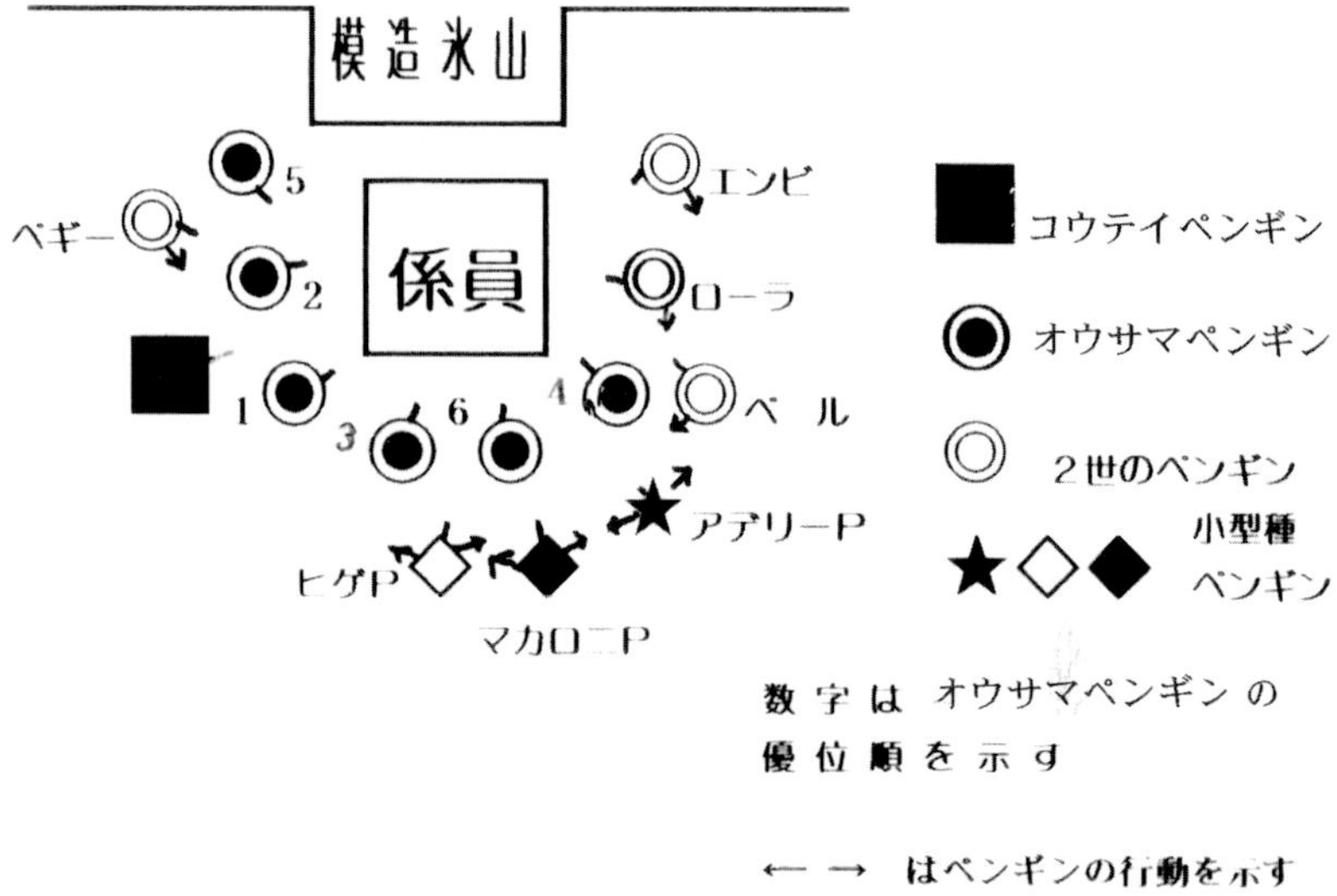

騒がしい雰囲気のなかで、係員は出来るだけ全てのペンギンに均等に餌がいき回るように心掛け、個々のペンギンの食欲状態を見ながら健康状態を把握し、食欲の低下したペンギンには、すかさず適当な処置を行います。

包帯が飲み込まれ、あとで出てきた

ペンギンの餌を調理中に指を怪我したので患部に包帯を巻いた係員は、ペンギンに手渡しの給餌を始めました。突かれると痛いのでその手を後に回していたら、食いしん坊のオウサマペンギンが餌と勘違いして、包帯を鵜呑みました。

その話を聞いた同僚は「大変なことになったゾ」、「そのうち出てくるサ」など憶測百論でしたから、係員はとうとう頭を抱えこみました。

その話も半ば忘れかけていた30日目の朝、腹中縦断の苦労を物語るようにすっかり緑色に染まった長さ数十センチもある長い包帯が、油紙を包んだままの姿で床上で発見されました。その脇には小指の爪くらいの小石が落ちていました。小石は多分以前にペンギンが飲み込んだものだったのでしょう。毎日気がかりだった出来事は、これで一件落着しました。

昭和41年（1966）8月8日朝、ペンギン室の池底に1個の卵が沈んでいました。取り上げて見ますと小型で卵殻は黄緑色でざらざらした感じでしたので、オウサマペンギンの卵ではありません。小型ペンギンの卵に違いないのですが、どのペンギンが産卵したのか分かりません。そのうちヒゲペンギンに産卵前に見られる食欲不振や、一定場所に静止するなどの行為が見られましたが、産みの親は確認出来ませんでした。そのあと2個目を産卵するはずですから注目していましたが、待望の産卵は見られませんでした。この卵の産みの親が分かっていたら、当時国内では珍しい小型種が産んだ「金の卵」になっていたでしょう。

せっせと石集め

寒冷季になりますと、初期頃はすべてのペンギンが「冬の家」で日中を過ごしました。ある日のこと、アザラシ池の岩組のくぼみに、数十個の小石が置いてありました。誰かが一か所に集めたまま、捨てるのを忘れたのだろうと思い、係員は掃除の後に捨てました。すると、その翌日も同じ場所に、昨日と同じ位の分量の小石が置いてあるのです。

一人で考え込みましたが、間もなくその謎は分かりました。ペンギンたちが動かないので、観客のなかには少し驚かせてやろうと思い、足もとにある小石を投げ込む人を身受けます。地面に落ちた小石をヒゲペンギンが嘴でくわえては、入念に岩組まで運んでいたのです。アデリーペンギンも時には石をくわえてみるのですが、石集めはしませんでした。両種は生息地では小石を集めて丸い巣を作り、そこへ産卵する習性があり、ヒゲペンギンは本能的にそのような行為をしていたのでしょう。でもアデリーペンギンは何故石集めをしなかったのでしょう。

それから数年後のこと、アデリーペンギンとマカロニペンギンが室内で飼育中に仲良くなっていたころ、試しに床上に65グラムもある小石など多数の小石を置きますと、アデリーペンギンは嘴でくわえてせっせと自分が居座る場所へ運んだのです。やがて、マカロニペンギンも手伝い始め、2羽は同じ場所まで運んで、ひと握りもあるほどの量の小石の山が出来ました。草を集めて巣をつくるはずのペンギンが、無縁の小石まで運ぶのはどうしたことでしょう。

昭和47年（1972）も6月に入ると、ペンギン室では幾組ものオウサマペンギンのペアが出来上り、賑やかになりました。その頃から仲が良かったアデリーペンギンとマカロニペンギンの食欲がオウサマペンギン同様に落ちました。8月ごろ2羽のペンギンは寄り添って、同じ場所にいることが多くなりました。普段は仲良しの3羽の小型ペンギンですが、独りになったヒゲペンギンは毎日しょんぼりしていました。一日も早く2羽の仲の良い関係が解消して、また以前のように、小型ペンギン同士3羽で仲良く過ごせる日の来るのを待ちました。

朝日新聞

昭和57年4月11日（日曜日）
文化ぶんか欄寄稿

随想　わが友よ　ペンギンたち

ペンギンを最愛の友としながら飼育を続けてすでに23年という長い歳月が流れ、その間に育てたペンギンは70数羽を数える。国内でただ1羽限りとなったコウテイペンギン〝フジ〟が、昨年7月には17年3ヵ月という長期飼育記録を樹立した。また同年10月にはオウサマペンギン6羽も、そろって19年5ヵ月の記録を更新し、このたび飼育20年という記念すべき日を迎える。

思えば昭和40年9月2日の朝まだき、冷房された室内の片隅で、オウサマペンギンのひなが、わが国で初めて甲高いうぶ声をあげたのである。それから手探りのひな保育が始まった。ひなの行動把握と万一の場合の対応のために、係員の交代制により、蚊に刺されながら窓ガラス越しに昼夜兼行の観察が続けられた。私たちの意気込みがペンギンに伝わったのか、おかげでひなの両親は力を合わせて、懸命に子育てに熱中してくれた。

幸いにも44年までに同じ両親から、更に3羽のひなが生まれ育ち、世の注目の的となった。時移り52年には長年の夢がかなない待望の3世誕生をみた。

オウサマペンギンは春の換羽が終われば、やがて繁殖期となる。ペンギン室内はにわかに活気づき、長い抱卵・育雛（すう）期間を通して、年ごとに悲喜こもごものドラマチックな場面が展開される。抱卵中のペンギンは食欲不振が続くので、餌（えさ）の管理には十分注意せねばならない。また、抱卵区域に時折接近してくる仲間たちに刺激され、大切な卵を壊しはしないかと心配するなど、緊張の連続で最も気を配る季節である。しかし、一面ではかわいいひなの誕生を指折り数えて待ち望み、楽しみ多い季節でもある。

ひなが生の衝動にかられて嘴打（はしうち）を始めても、卵殻が固くて割れない時には、係員が卵を取り出し手で割ってやり、ひなを誕生させたことも一度ならずあった。そんな場合のひなは、ひ弱なことが多く、両親の口移し給餌（きゅうじ）が十分でないときには、時期を失することなく、係員による手渡しの給餌方法に切り替えねばならない。5、6時間おきに、深夜でも親代わりの面倒をみながら日を重ね、苦心のすえ無事に育ったときの喜びは、またひとしおである。

ペンギンの健康の秘けつは人間の世界と同じで、腹八分の節食と適量の運動、それにストレスの解消である。そのための環境づくりが重要視される。動物の適性能力を引き出しての集団調教は健康増進をはかる上で効果的であった。〝冬の家〟は冷たい気候中の屋外飼育場であるが、その開設期に見られる園内散歩はユニークなものであり、居合わせた観客は愛きょうを振りまくオウサマペンギンの行列に、惜しみない声援を送ってくれる。

このひ弱い生き物たちの暮らしの中には、常に慈愛と思いやりの気持ちがにじみ出ており、感動し教えられることが多い。「動物みな同胞（はらから）」という。さらに生物たちとの連帯感を深めるために、今後もスキンシップ飼育に徹しながら、触れ合いと語らいを続けていこうと思う。

（白井和夫・長崎水族館長）

第六章
ペンギンの楽園めざして

大水害の苦難をこえて

水没した部屋で泳ぎまわるペンギン

昭和57年（1982）7月23日、夕刻から降りだした集中豪雨により、「7・23長崎大水害」が発生して長崎水族館も大きな被害を受けました。

敷地から1階分だけ低い位置にある陸側池や海側池と本館1階は、とくに大きな被害が出ました。濁流の流入は早くて、午後7時40分ごろから、1階では床面の水没がはじまり、一時水深は約120センチに達しました。

長崎大水害のつめあと　最高水位を示す

やがて1階のペンギン室にも濁水が流入し始めました。思いがけないことでしたが、床と室内池の排水管を伝って、濁水が逆流して室内に入り込んできたのです。ペンギン室の水位も次第に上昇して、床部はすっかり水没してしまい、ペンギンたちは水位が高くなった濁水面を泳ぎ回っていました。そのうえ午後8時ごろには停電したため暗闇となり、悪条件は重なりました。

停電は長引き、1階の機械・電気室の自家発電機は冠水したため、運転不能となりました。夏の季節でもあり、特にコウテイペンギンはじめ、極地ペンギンの体調が気掛かりでした。室温の上昇を押さえるためには、角氷の確保が急務となりました。長崎市街地へは国道34号が各地で地滑りが発生したため、交通は途絶しました。そのため反対方向の隣町から角氷を入手することにしました。やっと数本の角氷を確保し、交通規制のなか、車両の不通箇所では、手押し車に積み替えて運びました。そのころには、やっと濁水も引いていましたので、床上に角氷を並べることができ、おかげで室温の上昇は押さえられ、フジたちは窮地を脱することができました。濁水もひき自家発電機が作動したのは、停電から24時間後でした。

1階の水産資料室では、濁水の水位が上昇して、展示ケースが浮き上がり転倒し、展示中の標本が床上にこぼれ落ちるなどの被害をうけました。地下の貯水槽には濁流が流入し、長引いた停電のため展示水槽などへの水の循環はストップし、展示中の魚類にも被害がでました。

水族館うらの敷地に自衛隊のヘリコプターが救援物資を運びました。

駐車場の一部は災害復旧用の水道本管資材置場として提供されました。長崎市内より諫早・大村方面に通ずる国道34号は道路被害発生のため、長崎バイパスも含め、交通不能となりました。長崎水族館の所在する地区は国道沿いに位置するため、しばらく市中心部と交通が完全に断絶しました。

水族館も7月24日から31日までの8日間、臨時休館しました。

フンボルトペンギンへの給餌　行儀良く順番を待つ

フンボルトお目見え

温帯ペンギンの飼育に力を入れる

昭和39年（1964）にコウテイペンギンが入館したあと、長崎水族館に極地ペンギンの入館は見られませんでした。南氷洋捕鯨の衰退により、極地ペンギンの入手ができなくなったのです。そこで、フンボルトペンギンなど年中屋外で飼育できる、温帯ペンギンの飼育にも力を入れることになりました。

フンボルトペンギン属にはこのペンギンのほかに、マゼランペンギン、ケープペンギン、ガラパゴスペンギンの3種があります。いずれの種も外観はたいへん似ていますが、それぞれ生息地が異なり、住む地方の名が付けられていいます。フンボルトペンギンは1981年にワシントン条約の附属書Ⅰに記載され、学術研究目的以外での野生からの輸入は禁止されました。また、ケープペンギンも附属書Ⅱに掲載され保護されています。

フンボルトペンギンは年中屋外の施設で飼育できるので、国内外の動物園や水族館で早くから広く飼育されています。身近で馴染みの動物ですから、動物園での動物の人気投票では必ずベストテンに入ります。立って2本の足で歩く姿が可愛いためでしょう。

昭和47年（1972）にフンボルトペンギン4羽が初入館し、50年（1975）にも5羽がはいりました。このほかにも別種のペンギンが入館しました。

マゼランペンギン	昭和48年3月	3羽
ケープペンギン	昭和48年7月	3羽

昭和53年（1978）から56年の4年間で、7羽のフンボルトペンギンから30羽のヒナがふ化し、そのうち17羽がその後も順調に成育して長期飼育されました。

年別の繁殖育成した羽数は次の通りです。（ふ化後79日以上生存した羽数）

53年　2羽　54年　4羽　55年　4羽　56年　7羽　合計　17羽

フンボルトペンギンの繁殖系図と屋外のペンギン飼育池と、繁殖のための巣小屋の配置図は別図の通りです。

フンボルトペンギンの繁殖系図

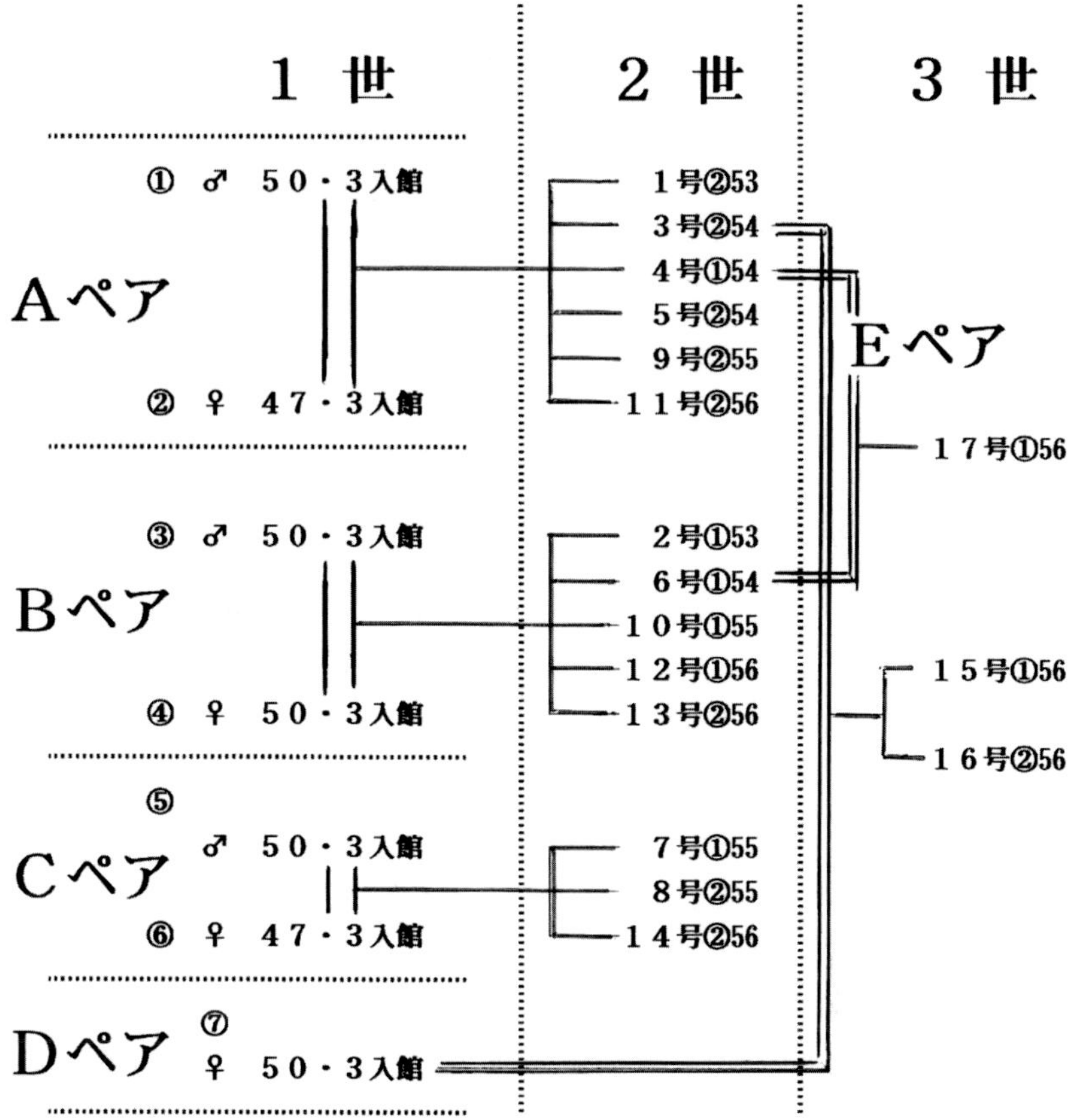

フンボルトペンギンの飼育に関するデータは
飼育担当だった楠田幸雄、田中代士郎両氏による

1世同士のAペア、Bペア、Cペアに生まれたのが1号から14号です。
Dペア（1世と2世3号）に生まれたのが15号と16号です。
Eペア（2世同士の4号と6号）に生まれたのが17号です。

・①は第1卵　②は第2卵

・①②の右の数字はふ化した年を示します。

・数字（2世の○号）はふ化日の順

ペンギン飼育池と巣小屋の配置図

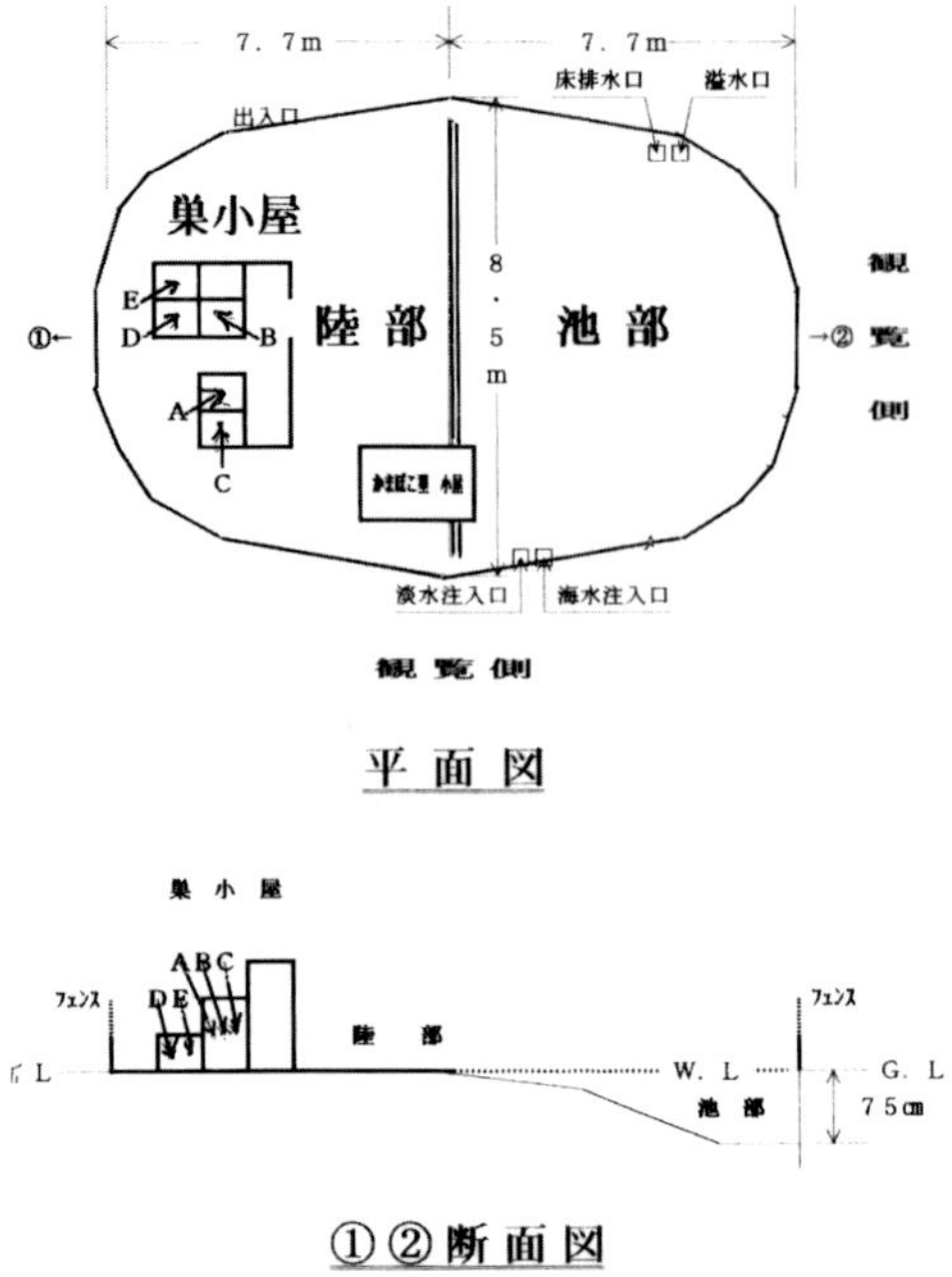

産卵・ふ化・育成について

フンボルトペンギンは2個の卵を産みますが、産卵した52個のうち17羽が長期飼育され、そのうち第1卵と第2卵が共にふ化して育成されたのは4例の8羽でした。

昭和50年（1975）から56年まで7年間の産卵数52個の産卵月を月別にみると、3月に18個、5月に9個、11月に7個がみられ、3ヵ月で65％を占め、6月、8月、9月は皆無でした。産卵は夏になく、春が多いことが分かりました。

5ペアによる産卵数は52個、うち有精卵は35個、ふ化数は30羽、うち長期飼育された羽数は17

年別にみた月別の産卵数（昭和50年〜56年）

年別	1月	2月	3月	4月	5月	6月	7月	8月	9月	10月	11月	12月	不明月	合計
50年													2	2
51年				2										2
52年			2											2
53年			5				2				4			11
54年		2	2	2	5					1	1			13
55年	2		5	1	2						2	2		14
56年		2	4		2									8
合計	2	4	18	5	9	0	2	0	0	1	7	2	2	52
月別	1月	2月	3月	4月	5月	6月	7月	8月	9月	10月	11月	12月	不明月	合計

ペア別にみた産卵・ふ化・育成した数（昭和50年〜56年）

	ペア別	Aペア	Bペア	Cペア	Dペア	Eペア	合計
	産卵数（個）	18	18	12	2	2	52
	有精卵（個）	12	11	8	2	2	35
	ふ化数（羽）	10	8	8	2	2	30
	長期飼育された数　羽	6	5	3	2	1	17
※	短期間で死亡した数　羽	4	3	5	0	1	13

※　ふ化当日死亡したものから、78日目までに死亡したヒナの数

羽、78日以内に死亡した羽数は13羽です。この数字より算出したものは次の通りです。

有精卵数（個）／産卵数（個）　67・7％
ふ化数（羽）／産卵数（個）　57・7％
長期育成数（羽）／産卵数（個）　32・7％
長期育成数（羽）／ふ化数（羽）　56・6％
ふ化数（羽）／有精卵数（個）　85・7％

その後、フンボルトペンギンは毎年繁殖を続け、平成12年（2000）10月には繁殖育成数が100羽となり、当館のペンギン飼育羽数は増加の一途をたどりました。

楽園の仲間たち

つづけて2世3世が繁殖する

昭和50年代前半までは屋内ペンギン室では毎年、同じ時期に何組ものオウサマペンギンが産卵して抱卵を続け、そのなかで2世や3世の繁殖に成功し、その後も育成を続けました。屋内での極地ペンギンの飼育のほか、昭和40年代後半より屋外でのペンギン飼育場での温帯ペンギンの飼育も充実していきました。

昭和47年、48年には比較的に温暖な地域に住むペンギンが相次いで入館しました。

イワトビペンギン　昭和48年1月

前述の通りフンボルトペンギン属3種もこの時期に入館しました。何れも当館には初のお目見えでした。

フンボルトペンギン	昭和47年3月	4羽
マゼランペンギン	48年3月	3羽
ケープペンギン	48年7月	3羽

前述の通り昭和53年から56年にかけて、7羽のフンボルトペンギンから17羽が繁殖しました。

昭和56年にはコウテイペンギンとオウサマペンギン6羽が国内飼育最長記録を更新しました。

昭和58年から61年にかけて5種のペンギンが、8年から24年ぶりに再び入館し、62年にもそのうち4種のペンギンが入館しました。

マゼランペンギン	昭和58年5月	10年ぶり4羽		
ジェンツーペンギン	59年11月	23年ぶり4羽	昭和62年	4羽
イワトビペンギン	59年12月	11年ぶり2羽	〃	4羽
マカロニペンギン	60年4月	24年ぶり4羽	〃	4羽
ケープペンギン	61年11月	13年ぶり2羽	〃	2羽

昭和60年以降は長年にわたり、多種のペンギンが飼育されました。
・昭和48年には9種
・昭和60年から平成4年までは8種
・平成5年以降は7種
（・平成17年には8種　新水族館にて）

（・平成27年から9種となり、種類数では世界一となりました。新水族館にて）

オウサマペンギンは平成2年に11羽が28年ぶりに入館し、4年にも5羽が入館しました。このなかでペアが出来て、9年には18年ぶりに繁殖しました。また、次の通りジェンツーペンギンとケープペンギンが平成4年に、マカロニペンギンが9年に当館でも初繁殖しました。

平成4年から9年にかけて多種のペンギンが繁殖しました。
ジェンツーペンギン　平成4年6月　国内繁殖3号　当館では初繁殖
ケープペンギン　4年10月　当館では初繁殖
ジェンツーペンギン　5年8月　人工繁殖により繁殖賞を受賞〝ジェニー〟
マゼランペンギン　8年5月　当館では初繁殖
オウサマペンギン　9年8月　2羽　昭和54年以来の繁殖
マカロニペンギン　9年5月　当館では初繁殖〝ドリー〟

コガタペンギン　　　　　27年5月　当館では初繁殖（新水族館）

〝ジェニー〟誕生

平成5年8月に屋内ペンギン室で繁殖した〝ジェニー〟について述べます。5年7月14日にジェンツーペンギンが産卵しました。2個のうち1個は有精卵でした。産卵後2週間たった頃から、抱卵中の親鳥は時折卵を放出するようになりましたが、抱卵交代の気配がありませんでした。そのため卵を取り上げてふ卵器に入れふ化させることにしました。器内の温度などの管理には

ジェンツーペンギン　ふ化後6日目　平成4年

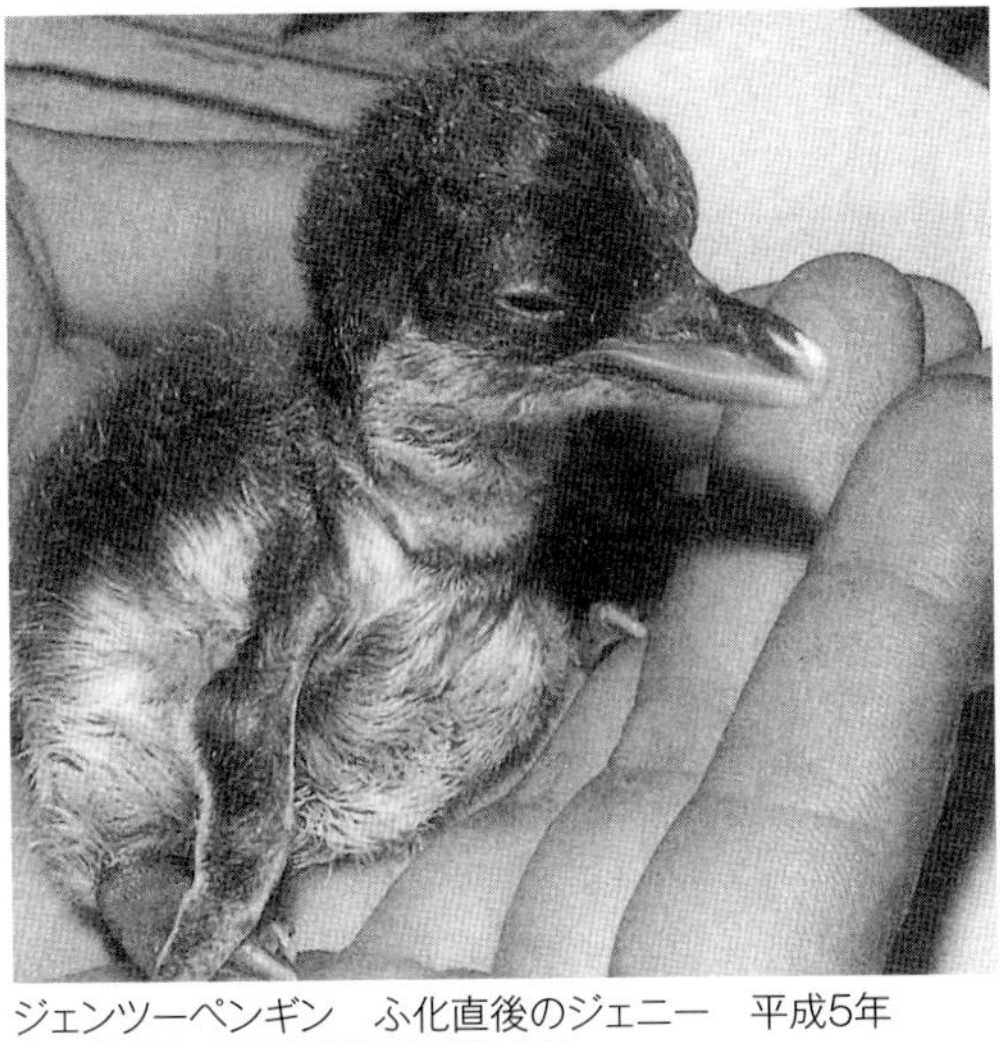
ジェンツーペンギン　ふ化直後のジェニー　平成5年
人工繁殖により繁殖賞を受賞する

気を使いましたが、産卵後36日目の8月18日に無事にヒナはふ化しました。

ふ化後は親鳥はベビーフードを戻して口移しにヒナに与えますので、その餌にかわってアジ肉とアミをミンチにして粥状になったものを、注射器に入れてヒナへ与えました。ヒナへの給餌の回数は1日4回、夜間にも定刻通りに与えました。ヒナの体温管理には特に気を使い、ヒナの体温を保つために器内の温度は最初は30度Cを保ち、ヒナの成長とともに次第に下げて、ペンギン飼育室での生活に順応できるようにしました。

ふ化後49日目のヒナの体重は３２２０グラム、80日目には５５００グラムとなり、親鳥とかわらないほどに成育しました。ジェンツーペンギンとしては国内で初めて人工繁殖に成功して6ヵ月以上生存しましたので、日本動物園水族館協会より、「繁殖賞」が授与されました。名前を公募した結果、１、１８５通が寄せられ、そのなかからジェニーと名付けられました。

ジェンツーペンギンは平成4年、5年に続いて7年、8年にそれぞれ2羽が繁殖し、ケープペンギンは平成4年に続いて6年に3羽、7年に2羽、8年に2羽が繁殖しました。

新水族館の開館をまえに、13年3月にジェンツーペンギン2羽が入り、15年にも4羽が入館しました。近年入館する種類と羽数が増加して、ペンギンの飼育はますます充実していきました。

参考までに新水族館で最初に平成14年に繁殖した4種には、公募により名前がつきました。

ジェンツーペンギン　〝クッキー〟

フンボルトペンギン　〝フー〟
マゼランペンギン　〝さつき〟
ケープペンギン　〝うみ〟と〝そら〟

新水族館には平成17年4月にはコガタペンギン6羽が入館し、27年3月には56年ぶりにヒゲペンギン7羽がはいりました。

フンボルトペンギン　左は幼鳥

マゼランペンギン　右は幼鳥

ケープペンギン　左は幼鳥

たどり来た道

今までに記述した事項のうち特記すべき長崎水族館の軌跡をたどりまとめました。

■オウサマペンギンの初繁殖

5年間で4羽のオウサマペンギンが繁殖しました。

昭和40年9月　ペギー　国内繁殖2世第1号
　41年8月　ペ　ル　2世第2号
　42年8月　エンビ　2世第3号
　44年8月　ローラ　2世第5号

4羽ともぺん吉とぎん子の両親より繁殖したものです。ぎん子は昭和45年5月に死亡したのでペアは消滅しました。ペギーは27歳、ペルは20歳まで生存しました。繁殖は夏に集中しました。

■オウサマペンギンの3世初繁殖

昭和52年9月　ペ　ペ　国内繁殖3世第1号
　54年3月　ミ　ミ　3世第2号

3世代の累代繁殖が実現しました。
オウサマペンギンのペペは2世のペルとぎん吉の子、ミミは2世のエンビと極夫の子です。ペペは34歳、ミミは18歳まで生存しました。

■2種のペンギンが最長飼育記録を更新

昭和56年10月にオウサマペンギン6羽が揃って19年5ヵ月の記録を更新しました。オウサマペンギンはその後の飼育も順調で、ぎん吉の飼育期間39年を筆頭に、残り5羽の飼育期間は21年から34年で、平均の飼育期間は26年でした。

6羽の飼育期間と繁殖期に組んだペアについては次の通りです。

（1世の名）	（飼育期間）	（ペアの組合せ）
かん子	21年1ヵ月	
南子	24年5ヵ月	
ぺん吉	24年6ヵ月	ぎん子とペア。ペギー、ペル、エンビ、ローラの親。
極夫	26年3ヵ月	エンビとペア。ミミの親。
いさむ	34年3ヵ月	
ぎん吉	39年9ヵ月	ペルとペア。ペペの親。

昭和56年7月にコウテイペンギンのフジは、17年3ヵ月の飼育記録を更新し、昭和52年6月以降は国内でただ1羽のペンギンとなり、1羽きりの飼育は15年2ヵ月に及びました。

■オウサマペンギンのぎん吉が世界一長い飼育記録達成

ぎん吉は昭和37年4月に12羽の仲間と入館しました。平成14年2月に死亡しましたが飼育期間は39年9ヵ月の長きに及び、ペンギン全種を通じて世界一の最長飼育記録を樹立しました。

■コウテイペンギンのフジが長寿世界一

フジは昭和39年3月に入館しました。平成4年8月に死亡しましたが、飼育期間は28年5ヵ月でコウテイペンギンでは世界一長寿のペンギンでした。

■極地ペンギン3種を同時期に長期飼育

コウテイペンギン	昭和39年3月から平成4年8月まで	飼育期間　28年
ヒゲペンギン	昭和38年6月から昭和49年12月まで	〃　11年
アデリーペンギン	昭和36年2月から昭和50年2月まで	〃　14年

3種が同じ時期に飼育された期間は昭和39年3月より昭和49年12月までの10年9ヵ月に及ぶ長い間つづきました。長崎のヒゲペンギンが死亡したあとは上野動物園の1羽限りとなり、アデリーペンギンが死亡したあとは東山動植物園の1羽限りとなりました。

昭和34年から39年にかけて入館した極地ペンギンの飼育期間は別図の通りです。

■「長崎方式」の実施

上野動物園での「上野方式」の趣旨を取り入れ「長崎方式」を確立しました。ペンギンの健康増進とストレスの解消、それに繁殖の促進のため寒冷季に極地ペンギンを屋外で飼育する方式です。「長崎方式」の実施後にオウサマペンギンの産卵が見られ、繁殖も順調に続きました。「長崎方式」は寒冷季の毎日、朝からペンギンを室内飼育室より外へ出して、日中は屋外の飼育場で飼育し、夕方は室内飼育室へ戻す方式です。

■ペンギンの多種飼育

昭和48年	9種
昭和60年から平成4年	8種
平成5年以降	7種
17年には	8種
27年以降	9種
	世界一の多種飼育

■ペンギンの多種繁殖

繁殖したペンギンの種類数は7種を数え、国内で最多記録をつくりました。

昭和40年	オウサマペンギン
53年	フンボルトペンギン
平成4年	ジェンツーペンギン
4年	ケープペンギン

8年　マゼランペンギン
9年　マカロニペンギン
27年　コガタペンギン（新水族館）

■フンボルトペンギンの多数の繁殖

短期間で多数が繁殖しました。
昭和53年から56年の4年間で、7羽のペンギンから17羽が繁殖し長期育成しました。

昭和53年　2羽
54年　4羽
55年　4羽
56年　7羽

1世同士のペアで第1卵と第2卵ともふ化育成したのは3組、1世と2世のペアでも1組が2卵ともふ化育成しました。

■初のペンギン・パレード

寒冷季に室内飼育室と屋外飼育場との間を往復するため、朝と夕方の2回に日課として実施されるもので、居合わせた観客にはたいへん人気があり、国内でさきがけとなりました。

極地ペンギンの飼育年数

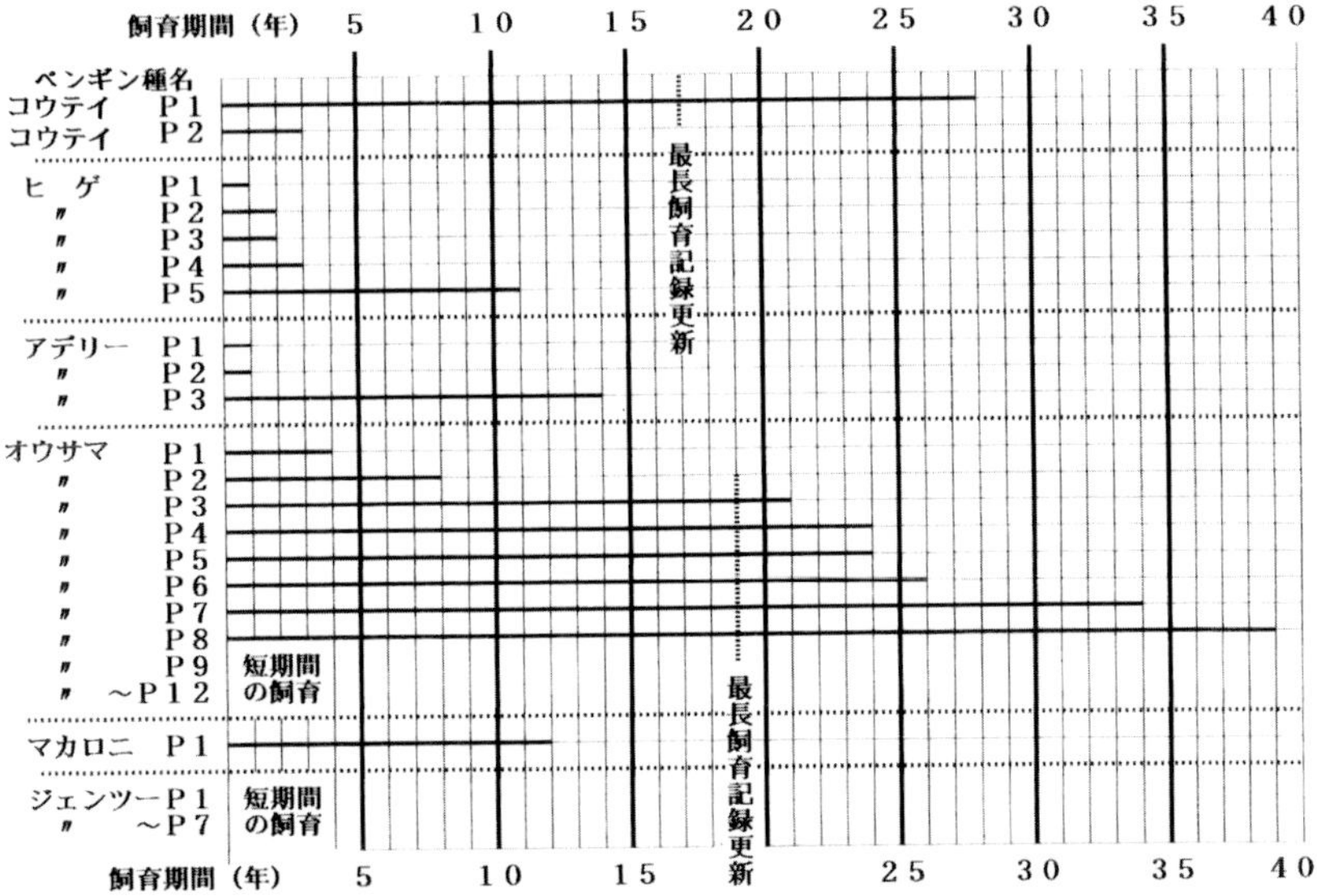

ペンギンの写真と実物資料を展示したペンギン資料室

■「冬の家」で馴致調教を実施

寒冷季に「冬の家」で、オウサマペンギンを対象に「台乗り」と「飛び込み」の馴致調教が行われました。「飛び込み」は「台乗り」の延長として、係員の合図で水中へ向かって飛び込む種目です。普段室内ペンギン室で自主的に行われている集団行動を活用したものです。

■3賞の受賞

ペギーにたいして日本動物園水族館協会より「繁殖賞」、ペンギンの繁殖に関する報文にたいして同協会より「技術研究表彰」、東京動物園協会より「高碕賞」を受賞しました。

■昭和47年10月にペンギン資料室を開設しました。

国立極地研究所より写真の提供を受け、当館で得た実物資料を合わせて展示し、国内の園館では唯一の施設です。

種類別にみた飼育期間と初繁殖

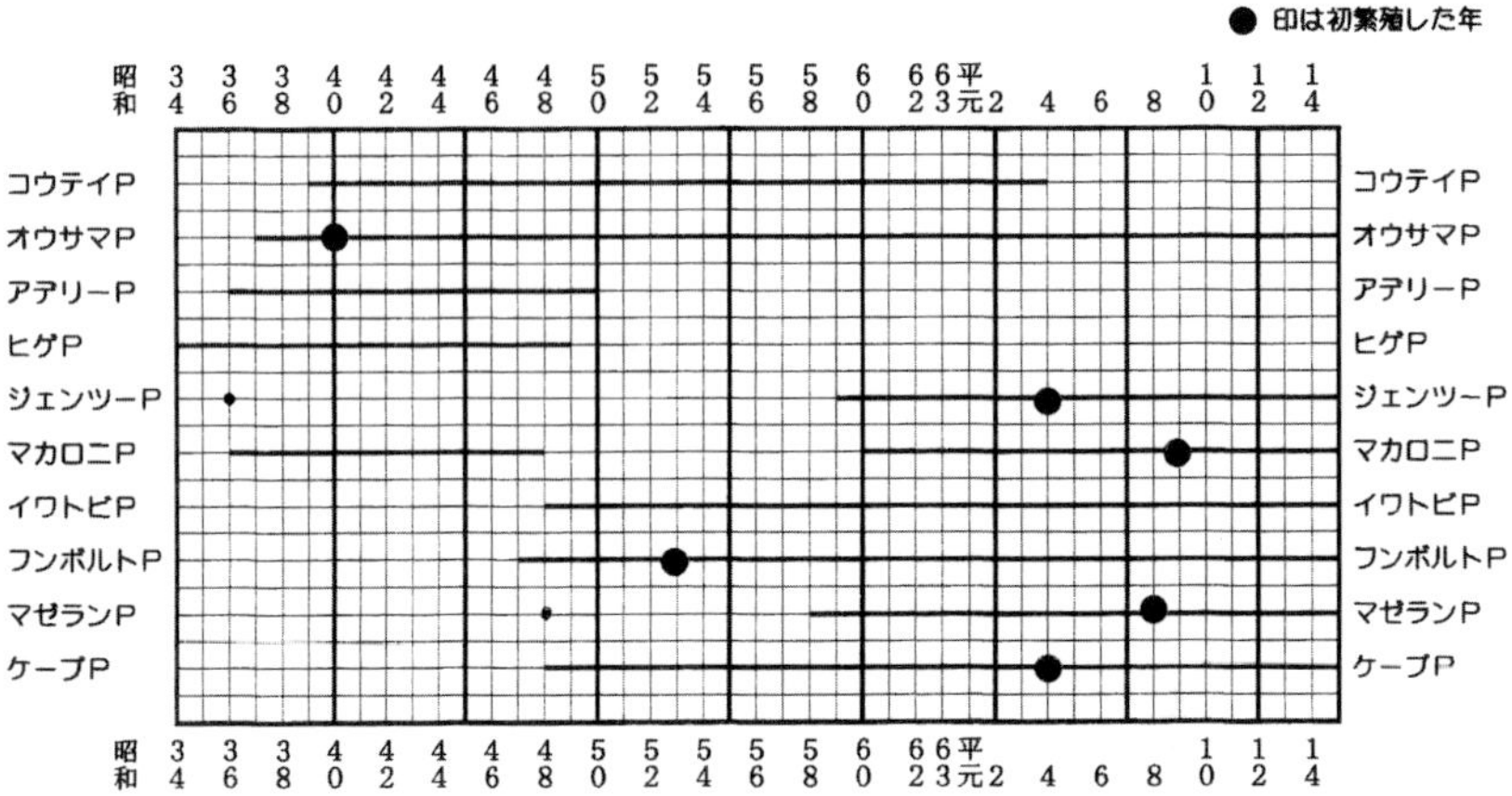

年度別にみた飼育羽数・種類数（長崎）

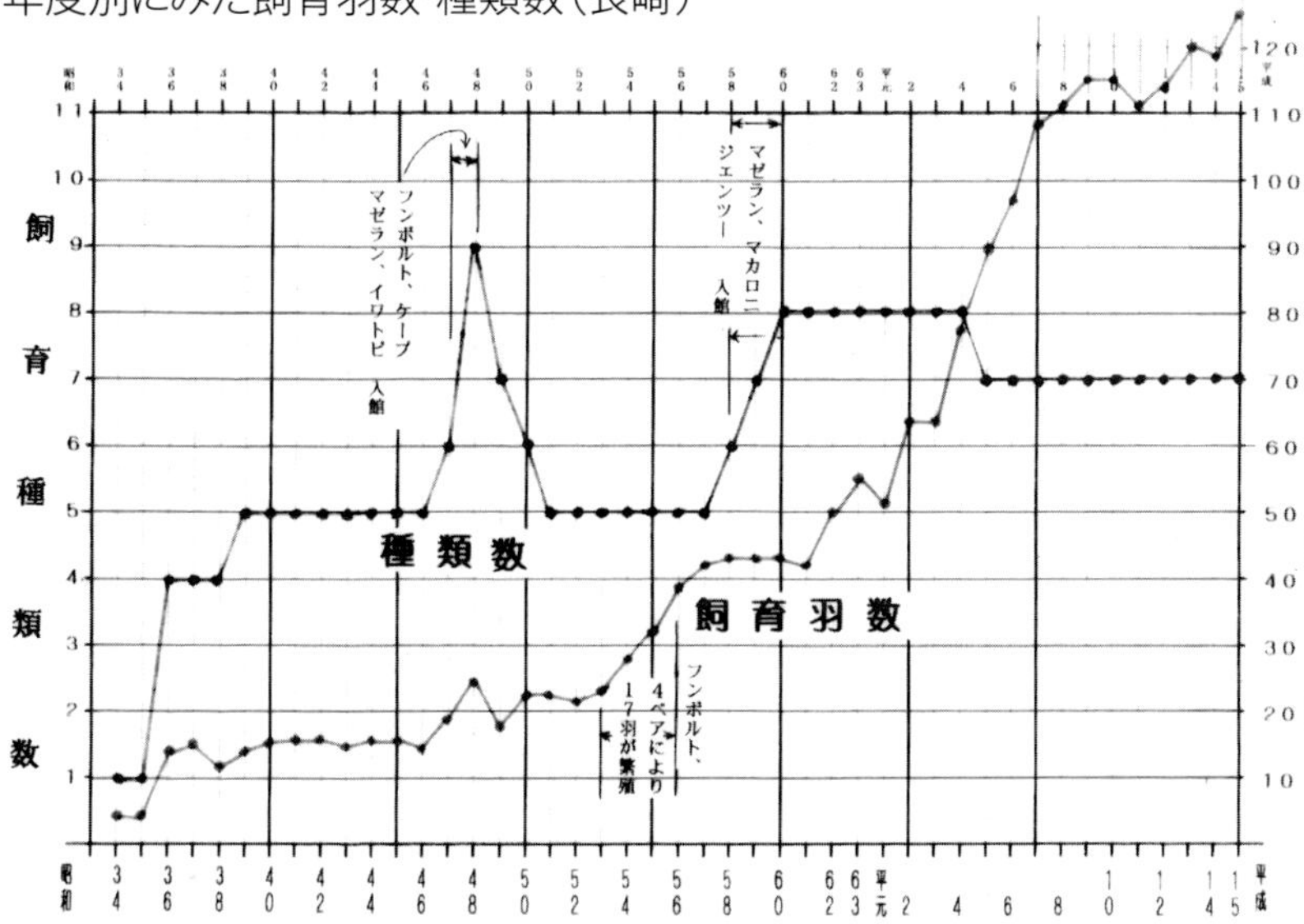

年度別にみた飼育羽数　オウサマペンギン

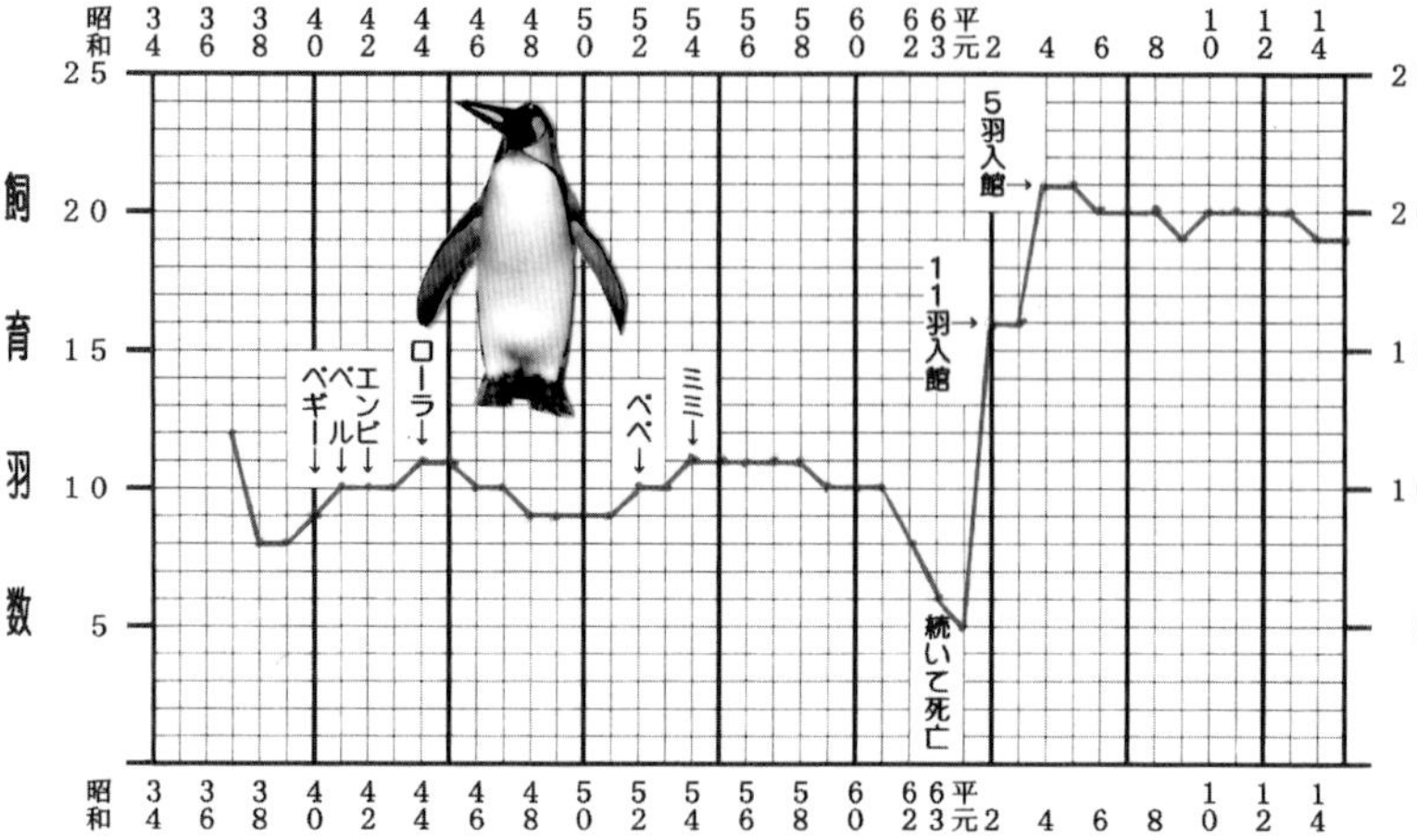

年度別にみたフンボルトペンギン属3種の飼育羽数

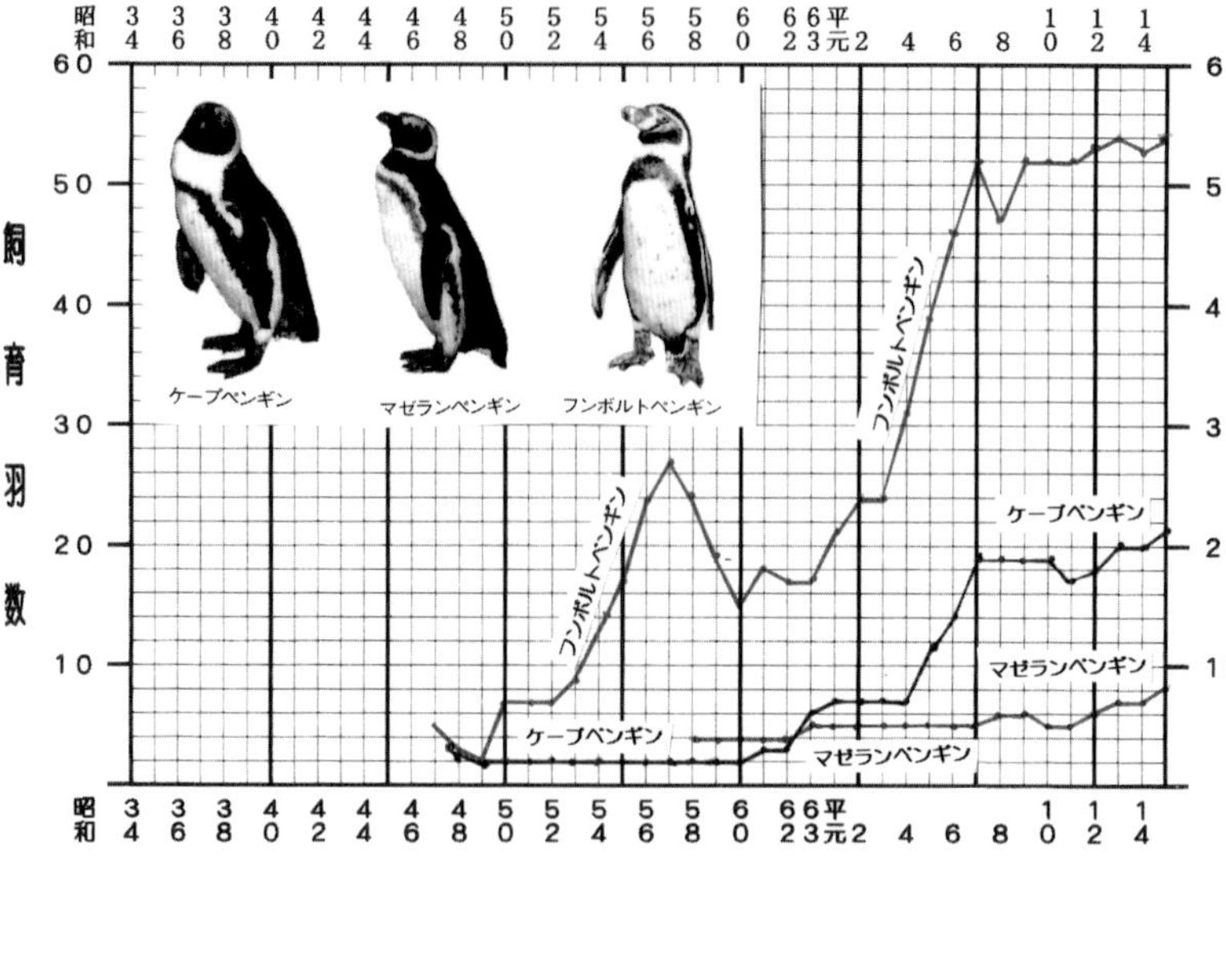

錦鯉池内の寒冷季の飼育場での給餌風景

余録いろいろ

テレビや雑誌の取材があいつぐ

昭和47年（1972）12月には、錦鯉池の一部を仕切ってそのなかにステージを作り、ペンギンの「冬の家」にしました。今までのアザラシ池と比べ、室内ペンギン室とはたいへん近い距離に位置して便利になりました。

昭和49年2月18日に、全国放映の日本テレビのクイズ番組「ほんものは誰だ」（司会：土居まさる氏、回答者：遠藤周作、桂　小金治など4氏）に出演のため、筆者と田中係員はオウサマペンギン1羽を伴い上京しました。

昭和51年（1976）7月にＮＨＫテレビ（福岡放送局）より「話題の窓ーペンギン育て17年」（7月12日に2回全九州地区放映、15分もの）の取材のため来館。7月8日に筆者はスタジオ出演のため福岡へ出向きました。翌月に「ペギーちゃ

ペンギンを携えて日本テレビのクイズ番組に出演（昭和49年）

ん誕生」の書籍を刊行するので、それに合わせての出演だったのです。飼育する幾つかの動物を取り上げてまとめた刊行物はありますが、ペンギンだけひとつの動物に限定した刊行物は数少なかったのです。

昭和54年（1979）6月に、取材のため漫画家島田堅司氏が来館しました。集英社の月刊漫画雑誌の「月刊少年ジャンプ」昭和54年9月号に同氏の執筆により、実録「めざせ！ペンギン王国」の表題で、28ページにわたり長崎水族館のペンギンたちが漫画に登場しました。数々のエピソードを織り交ぜながら、ペンギン王国を目指して行く様子が掲載され、後日、同じ内容で単行本にも掲載されました。

昭和56年（1981）8月には、東京動物園協会発行の月刊機関誌「どうぶつと動物園」10月号の「クリちゃんの動物園さんぽ」取材のため、漫画家根本進氏が来館しました。

園内でのふれあいのひととき　月刊「コペル21」創刊号（1983）　くもん出版

同年8月には、当館のペンギンと係員との交流を題材にした1分間の映像が、NHK長崎放送局から度々放映されました。「放送は心のふれあい　お茶の間の話題を豊かにします」というメッセージを映像に添えて、3ヵ月にわたり1日に1、2回ほどイメージ・スポットとして放映されました。

昭和57年（1982）3月6日の長崎新聞の広告欄に、あるコーヒーメーカーの広告が掲載されました。長崎水族館の3人の係員が、コーヒーを飲みながらペンギンについて談話している写真が大きく載りました。

同年6月15日付けの読売新聞の全国版で、囲み記事の「今日の顔」欄に、コウテイペンギンとオウサマペンギンの長期飼育記録達成についての記事が、筆者の顔写真入りで掲載されました。これもひとえに係員の日頃の成果が認められたからです。

同年12月9日には、月刊誌「コペル21」創刊号にオウサマペンギンを掲載するための取材に、くもん出版の関係者が来館しました。

長崎のペンギンが話題になり4冊の書籍に登場（本文参照）

施設改装とマスコミ登場はつづく

昭和58年（1983）3月には、屋内ペンギン室の拡張工事を行いました。今までの1・5倍の広さとなり、飼育条件は改善されました。また、観覧側の後ろ壁を撤去して広くしました。

昭和58年7月には、「長崎に来たんだから　日本でただ1羽の　コウテイペンギンに会っていこう」、「長崎にいるんだから　時には日本で1羽の　コウテイペンギンに　会いにいこうか」というメッセージ入りで、2種類の写真入りポスターが出来上がりました。

昭和59年（1984）11月23日から25日までの3日間、「ペンギンのふるさと・南極フェアー」を開催。朝日新聞社、国立極地研究所、日本海事科学振興財団「船の科学館」、海上自衛隊の協力により、「南極写真展」を開催しました。会場には「南極の氷」や「南極の石」も特別に展示

月刊「少年ジャンプ」昭和54年9月号 集英社より

されました。

昭和60年（1985）10月に長崎水族館は団体として長崎市教育委員会より教育功労賞を受賞しました。

昭和60年12月1日には、チャイルド本社から、幼児向けにフジを題材にした『ひとりぼっちのペンギン』の絵本が発刊されました。文：鶴見正夫　絵：椎野利一

昭和62年（1987）11月には、屋外に国内有数のパノラマ式ペンギンランドが完成しました。前からも上からも観覧でき、屋内ペンギン室に隣接して作られました。極地ペンギンたちは寒冷季には昼間はここで飼育し、夕方に室内に戻しますので、ペンギンの移動にはたいへん便利になりました。

平成7年12月には、金の星社の新・ともだちぶんこで、鶴見正夫・作　赤岩保元・絵『まいご

のペンギン　フジのはなし』が小学校低学年向けに発刊されました。この絵本に田中係員が登場しました。

平成24年10月にはフレーベル館から、あんず　ゆき・作『ペンギン、長崎の海を飛ぶ』が小学校高学年向けに発刊されました。この絵本に楠田係員が登場しました。

漫画家　島田堅司先生よりいただいた色紙2枚

NHKアナウンサーと筆者とのペンギンの話題についての会話が、電話を通して全国向けにラジオで生放送されました。その期日は次の通りです。

・昭和52年　10月28日　NHKラジオ「午後のロータリー」で、3世ぺぺのふ化について9分間
・昭和54年　9月6日　NHKラジオ「朝のロータリー」で、ペンギンについて8分間
・昭和56年　7月17日　NHKラジオ「朝のロータリー」で、コウテイペンギンの飼育記録更新について12分間
・昭和56年　8月8日　NHKラジオ「朝のロータリー」で、コウテイペンギンについて8分間

・昭和57年　4月27日　NHKラジオ「朝のロータリー」で、オウサマペンギンの飼育20年について11分間
・昭和57年　6月21日　東海ラジオ「さん！さん！モーニング」で、ペンギンの長期飼育記録達成について
・昭和57年　7月21日　NHKラジオ「ひるのいこい－風物詩」で、長寿日本一のオウサマペンギンについて6分間

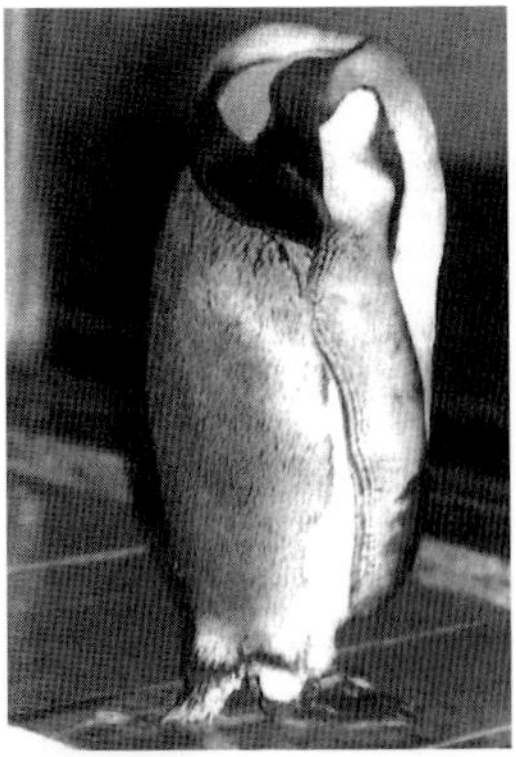

只今、熟睡中

洗羽のあと羽づくろい

細やかに愛撫　イワトビペンギン

派手なディスプレイ　ケープペンギン

幕を閉じる

数々の栄誉を受けながら

長崎水族館は長崎国際文化センター建設事業の最初の施設として、昭和34年（1959）4月に開館し、本館は建築雑誌にも掲載される程の有名な建造物でした。

昭和46年（1971）3月には文部省より博物館相当施設の指定をうけ社会教育施設として、また観光施設としての役割を担い運営されてきました。

ペンギンの飼育には特に力を注ぎ、飼育係員のたゆみない研鑽と努力によって、ペンギンの長

石を張りつめた柱とバルコニー

石畳と同じ石を張りつめ郷土色を出す

玄関南壁を飾る白磁のレリーフ「日本の真珠」

玄関北壁を飾る白磁のレリーフ

期飼育と数多くの種類の繁殖に実績をあげ、また世界で最も多くの種類を揃えて多数のペンギンを飼育する水族館に成長し、「ペンギン王国」と呼ばれるようになりました。

全国にさきがけてオウサマペンギンによる「ペンギンパレード」を定着させ、「長崎方式」と呼ばれるペンギンの飼育法をあみだすなど、日本におけるペンギン飼育の技術向上の一翼を担い、数々の成果をあげて来ました。

水族館の経営会社は開館後一段落したあと、将来長期にわたり所定の入場者数が見込まれたとき、独立したペンギン館とイルカ館を建設する構想を持っていました。しかし、そのひとつも実現しませんでした。

水族館本館は内壁と外壁に石畳に使われる砂岩の五島石を貼り詰め郷土色豊かな建物でした。内部の南壁には新制作協会会員の脇田和氏による白磁のブロック150個を組合わせ「日本の真珠」を抽象的に表現したレリーフが飾られました。高さ5メートル近い北壁では同氏による大小さまざまな形の白磁のブロックを、幾つかのグループに分けて組合せたレリーフが見られました。

水族館存続希望の署名がぞくぞくと

平成9年（1997）7月、長崎水族館の閉館が決定しました。再生策が見送られた時点で、地方紙には市民や県民から存続させるべきだという多くの投書が寄せられました。また、動物園や水族館でペンギン飼育をしている担当者が中心になっている「ペンギン会議」は、長崎水族館が日本を代表するペンギン施設であり、高い技術水準を持っていることを指摘して、1800人の全国からの署名を添えて、長崎県と長崎市に存続を要請しました。地元でも存続運動が起こり、市民や労働組合も2万人の署名を集めました。

バトンタッチ

長崎総合科学大学の一部に

長崎市はその後の対策を検討するため、平成9年7月に「長崎市水族館事業検討懇談会」を設置しました。3カ月後の9年10月に同懇談会は検討結果を答申しました。

長崎水族館は大勢の人々に惜しまれながら、諸般の事情により、残念なことに平成10年（1998）3月に39年の歴史に幕を閉じましたが、その1カ月後には長崎市より委託を受け、ペンギンなどの動物飼育を継続するため、「長崎水族飼育会」が設置されました。

平成10年3月22日と29日には「長崎水族館ラストサンデー」の催事を行い、名残を惜しむ市民が多数見納めに訪れました。

閉館する最終日の3月31日には最後のペンギンの園内散歩があり、地元の園児らも訪れ、くす玉を割って別れを惜しみました。くす玉からは「39年間お世話になりました」と「新しい水族館でお会いしましょう」の2本のたれ垂れ幕が下りました。

本館西側部は保存して活用するため残し、解体工事は完了

平成10年9月には新水族館の設置場所は旧水族館の隣接地とすることに長崎市が正式に決定しました。平成11年3月、長崎水族館などを経営していた長崎観光開発株式会社の清算会社はペンギンなど動物14種１３３点を長崎市へ寄贈しました。

長崎水族館は公会堂と共に有名建造物でしたので、保存運動が起こりましたが残念な結果に終わりました。その後長崎総合科学大学に拡張計画があり大学が一括購入しました。大学は水族館本館の重要部分を残して保存することに決めました。保存される本館西側の外壁は長年の風雨による汚れを除去して元通りの外観になりました。本館東側の建物の大部分は解体され、あとに校舎を新築し、保存された西側の建物と連結して新校舎となりました。

平成13年3月19日には4月22日の新水族館のオープンにあわせ、オウサマペンギンの引っ越しが行われました。15羽のオウサマペンギンは約400メートルを歩いて全員無事に新水族館へ到着しました。

新水族館オープン

長崎ペンギン水族館が開館

長崎県民や市民をはじめ、全国のペンギンファンの強い要望に応えて、長崎市は平成13年（2001）4月22日、旧水族館の隣接地に長崎ペンギン水族館を開設しました。閉館後は長崎水族飼育会により、手厚く飼育されてきた多くのペンギンたちは、無事に移動を済ませ、すべてのペンギンは新水族館へ引き継がれました。水族館の名称でペンギンという名が付いた施設は国内で唯一のものです。

新水族館は地域に密着し、水族館本来の目的である水生動物の収集飼育、展示、観察、調査、研究を行う教育施設として運営されることになりました。

長崎ペンギン水族館は本館以外にも敷地全体に、魅力を満載しています。敷地内には水族館ゾーンのほかにビオトープを復元したエリアがあり、それに森に囲まれた池や川から海浜へと続く自然体験ゾーンを加えた3つのエリアがあります。河川部では汽水域にすむ魚が観察され、陸域部には広葉樹の森のなかに湿地や池があり、池のなかには淡水魚や昆虫がいて、植物が茂っています。

県市民はじめ多くの人の要望にこたえ新水族館が誕生

いま環境の深刻な変化が取り沙汰されています。指標生物であるペンギンの生態を分かりやすく解説して、来館者が環境問題を考えるきっかけとなりますよう、各所で趣向をこらしています。

旧水族館はペンギンの飼育について、沢山の成果を挙げて来ました。新水族館でも旧水族館の伝統あるペンギンの飼育管理の技術を継承しながら、ペンギンの長期飼育と繁殖促進のほかに、ペンギンの能力を引き出す行動展示に努めて、直接に来館者と触れ合う機会も作っていく方針です。

新水族館の見どころ

1階のエントランスに入ると、まず目の前にペンギンが泳ぐ横幅15メートルの大プールがあります。大プールは1階から2階まで通しの水深4メートル、奥行4メートル、水量200トンの国内有数のペンギン水槽です。

プールの2階側は亜南極ペンギン飼育室となっています。飼育室の陸地部から水中へ飛び込んだペンギンたちの泳ぐ様子が、1階側で観覧できます。プールではオウサマペンギンはじめ、ヒゲペンギンやジェンツーペンギンやイワトビペンギン、マカロニペンギンの群泳が見られます。定刻にはダイバーによる餌付けが行われて、ダイナミックなペンギンの水中での食事風景が見られ、多数のペンギンの水中飛行も見られます。

屋外施設の温帯ペンギンゾーンには3種のフンボルトペンギン属のペンギンが、柵で仕切られた飼育場で多数飼育されています。フンボルトペンギンの飼育場の観覧側には池があり、前面は透明なアクリルガラス窓となっていて、水中でのペンギンの水泳の様子が観覧できます。広い飼育場には幾つもの巣小屋も配置され、うしろの壁面は生息地の雰囲気を出すために、ペンギンの排泄物が堆積して出来たグアノ層を模してリアルに立体的に造られています。

平成18年（2006）にはオーストラリアから来たコガタペンギンのために、新しく専用の飼育場が完成しました。また27年（2015）にはヒゲペンギンも久しぶりに入館しました。

今後はペンギンが楽しく暮らし易い環境づくりに努め、新たな「ペンギンの楽園」を作るため歩を進めて行くことになりました。

飼育を通して

「愛の原点」を見る思い

長い間ペンギンを飼育しながら、温和な生きものたちとの触れ合いと、語らいを重ねて行くうちに、私たちはこのひ弱い生きものたちに、限りない「愛の原点」を見出すことができました。私たちは物の豊かさと、便利さを追い求めてきた結果、物質文明の急激な発展の波に押し流されて、生きて行く上で、人間に最も大切な「愛」を見失いがちになったようです。今こそ、お互いが手を取り合い力を出し合って、助け合うという相互扶助の気持ちの大切さを確認し合うことが必要だと思います。

そして、今まで人間は万物の霊長だというおごりがありました。物質主義のためには人間中心となり、地球のどこかで今も、自然破壊が行われているのが現状です。

地球温暖化や開発に伴う生息地の破壊などが、年々生態系の破壊を進行し、動植物を絶滅の危機に追いやる最大の原因を作っているのです。各国は種の絶滅を防いだり、生息地の環境保護や保全に努め、深刻な事態を改善するよう求められています。

「生物みな兄弟」で共存意識

人間がペンギンの生息地へ進出したり、人間の活動によって起こされる海洋汚染や気候変動な

昼下がりペンギンと語らう筆者

どで、ペンギンの生息地は消滅していく危機的な状況にあります。ペンギンとその生息地を守るために、生息地の保護活動や生態系の管理を行う必要に迫られています。

一度破壊された自然と生態系は、回復するまでに相当な時間を要します。絶滅した生物を再現させることは不可能です。

「生き物みな兄弟」、私たち人間も生き物の一員です。今こそ、生き物たちと共存をはかるために、環境保全、自然保護、動物愛護に努め、さらに、自然との一体感と連帯感を、一層深めて行かねばなりません。この青い地球を私たちの手で、いつまでも守っていきたいと思います。

おわりに

長崎水族館は長崎国際文化センター建設事業の最初の施設として昭和34年（1959）4月に開館し、その経営に長崎観光開発株式会社があたりました。昭和46年（1971）には文部省より博物館相当施設に指定され、社会教育施設として、また観光施設としての役割を果たしてきました。当時は東洋一の規模を持つ施設といわれ、本館は有名建造物とされました。しかし、諸般の事情により平成10年（1998）3月に39年の歴史に幕を閉じました。

筆者は昭和34年の正月早々に長崎水族館に就職し、直ちに下関市立下関水族館へペンギンの飼育管理法を修得するために出向き、2ヵ月あまりの長期研修の期間中に館員さんから手ほどきして頂き手厚い指導を受けました。

南氷洋から帰国する捕鯨船団関係の船舶が帰港した東京の晴海埠頭や横須賀港岸壁でペンギンを出迎え、航海中でのペンギン飼育について苦労話を直接聞き取り、ペンギンを受領して持ち帰りました。また、大阪の安治川埠頭で出迎えたあと乗船して、船中の低温下の部屋でペンギンを介護しながら4日間を過ごし、大阪より下関までペンギンと一緒に瀬戸内海を航海したあと、下関でペンギンを受け取り、例のないような体験もしました。国内に渡来するペンギンが大勢の人々によって大切に持ち帰られたことを肌で感じ、大事に飼育する責務のあることを自覚しました。

長崎水族館でペンギンの飼育が始まった時期は、国内のほかの動物園や水族館より大分遅れてのスタートでした。長崎では開館当初よりペンギンの飼育に力を注ぎ、係員のたゆみない研鑽と努力により、飼育するペンギンの種類数と羽数について、暫らくしてほかの園館と肩を並べることができました。

多くのペンギンが長期飼育記録を達成し、数多くの種類の繁殖に実績をあげ、オウサマペンギンについて国内で初めて2世、3世の繁殖に成功しました。世界で最も多数の種類のペンギンを飼育し、初めてペンギンパレードを定着したり、「長崎方式」と呼ばれる飼育法をあみだし、「ペンギン王国」と呼ばれるほどになりました。

これらの実績を纏めて昭和51年（1976）8月に発刊した最初の本は「ペギーちゃん誕生」というタイトルでした。この本には東京動物園協会の理事長をされていた古賀忠道先生から序文を頂きました。当時、動物園や水族館の飼育担当者の刊行本で、飼育する特定の動物を題材にした飼育の記録書は数少なく、格好の読み物となり長崎のペンギンは漫画の主人公にもなりました。

この本は昭和40年に国内で初めて大型種のオウサマペンギン「ペギー」が繁殖し、同じ両親から44年までにあと3羽のヒナが繁殖して、何れも育成して大家族になっていく実録を主題にして記述したものでした。そのうちの2姉妹は4年から5年かけて成熟年齢に達し3世の誕生も期待されましたが、惜しくも本の出版時までにその希望は実現しませんでした。その本はいま絶版になっています。

しかし初本出版の1年後の昭和52年（1977）に待望の国内初の3世「ペペ」が誕生しました。さらに54年にも3世の「ミミ」が誕生し、「ぺん吉」一家はますます賑やかになりました。2世の「ローラ」から3世のペペの誕生までに8年を要しました。

そのあと長崎水族館の閉館までに長崎水族館の事業経緯や実績を残した記録の出版物はなく、このままだと歳月の経過とともに、その存在も忘れられ記憶の彼方に埋没することは明らかでした。閉館後数年たった頃、水族館の歴史にいま一度光をあててみることを思いつきました。そこで平成18年8月に2冊目の本として「長崎水族館とペンギンたち」を自費出版し、記載内容の一部が社史的なところもあり、非売本としました。内容は話題の本館建物や遊園地や動物展示ゾーンなどの付帯設備を写真で紹介し、来館記念の絵はがきやパンフレットなどの出版物も掲載しました。ペンギンの飼育の歩みや水族館の年誌も合わせ記載し、ペンギンの飼育状況の掲載にも重点をおいた書籍となりました。

平成31年（2019＝令和元年）は長崎水族館が開館した昭和34年から数えて早くも60年になり、

その歳月は人間では還暦の年にあたります。そこで長崎ペンギン水族館を統括する一般財団法人長崎ロープウェイ・水族館の池田尚己理事長さんが、この機会に長崎水族館におけるペンギンの総括的な飼育記録を取りまとめ、出版するよう勧めてくださいました。

かねてより長崎水族館の数々の飼育記録を今一度まとめてみたいと思っていましたが、何分卒寿を過ぎた年齢に達し、最近部屋内の整理をしたので一部のペンギンの資料を見失いました。そのため執筆に当たり薄らいだ乏しい記憶をたどりながら手元の資料と既刊の2冊など参考にしたので一部の文章や写真は重複しましたが、新しく大部分を書き加えて、『長崎ペンギン物語』として3冊目を纏めました。

前途の通り昭和34年に長崎水族館に就職し昭和58年に定年退職しました。その間、15年間館長を勤め、退職後はしばらく会社の常勤の役職につきましたが、あとの数年間の記述につきましては、いささか不明瞭な箇所があるのは否めませんのでご容赦ください。この本は過去に発行した2冊の本のまとめとして、またペンギンについての手ほどきとして見て頂ければ幸いです。記述内容は飼育実録を基本にして、随所にトピック的なものも合わせ読物風に纏めました。長崎水族館はわが国のペンギン飼育史に残る幾つかの成果を、挙げてまいりました。新水族館でも旧水族館時代に培われてきた高度の飼育技術を継承しながら、更に技術を向上し実績を挙げ、新しい「ペンギンの楽園」を作るよう切に念願いたします。

塁年各種の極地ペンギンを寄贈してくださいました大洋漁業株式会社のご好意に感謝申しあげます。

未経験者の私にペンギンの飼育管理法を指導してくださいました下関市立下関水族館の皆様に感謝いたします。

新聞記事を掲載させて頂きました報道各社にお礼申しあげます。

資料を提供して頂いた長崎観光開発株式会社、長崎水族館、長崎ペンギン水族館に感謝いたします。

出版の動機をつくってくださり、また序文をいただいた一般財団法人長崎ロープウェイ・水族館の池田尚己理事長さんに感謝いたします。

小書の出版にあたり協力していただいた長崎水族館・長崎ペンギン水族館の元館長の甲斐宗一郎さんと長崎ペンギン水族館館長の楠田幸雄さんにお礼申しあげます。

いつも筆者を支えてくれた長崎水族館のペンギン飼育担当者はじめ従業員の皆さんに感謝いたします。

小書の出版にあたり長崎文献社の堀憲昭さんには編集その他についてたいへんご指導とご苦労をおかけし感謝いたします。

令和元年（2019）7月25日

白井和夫

参考文献

・動物を飼育する　現代の記録　動物の世界5　紀伊国屋書店　小森　厚　著
・ペンギン、日本人と出会う　文藝春秋　川端裕人　著
・ペンギン大百科　平凡社　訳者　ペンギン会議
・ペンギン　連載「ペンギン大学」ＶＯＬ8，ＶＯＬ9　ＳＥＧ出版　青柳昌宏　著
・南氷洋捕鯨史　中公新書　中央公論社　板橋守邦　著
・ペンギンはなぜ飛ぶことをやめたのか　実業之日本社　田代和治　著
・「日本におけるペンギンの飼育史試論」動物園研究№2　福田道雄　著
・動物園水族館雑誌　日本動物園水族館協会
・月刊「どうぶつと動物園」　東京動物園協会
・ペギーちゃん誕生　昭和堂印刷出版事業部　白井和夫　著
・長崎水族館とペンギンたち　藤木博英社印刷　白井和夫　著

筆者略歴

白井　和夫（しらい・かずお）

1927年長崎市に生まれる。現在も長崎市在住。1953年長崎大学水産学部卒業。学芸員。1959年長崎水族館入社。長崎水族館は同年に長崎国際文化センター建設事業としてオープン。2019年で開館60周年になる。オープンと同時にペンギンの飼育に力をそそいだ水族館として、注目を集め、数々の実績が評価された。1983年定年退職。それまでに15年間長崎水族館館長を務める。公益社団法人日本動物園水族館協会会友。

【著　書】
『ペギーちゃん誕生』（1976）
『長崎水族館とペンギンたち』（2006）

長崎ペンギン物語

発　行　日	初版 2019年8月5日
著　　　者	白井 和夫
発　行　人	片山 仁志
編　集　人	堀 憲昭
発　行　所	株式会社 長崎文献社 〒850-0057 長崎市大黒町3−1　長崎交通産業ビル5階 TEL. 095-823-5247　FAX. 095-823-5252 ホームページ http://www.e-bunken.com
印　刷　所	オムロプリント株式会社

ISBN978-4-88851-319-7　C0045